Lightroom 4 数码暗房技术实用手册

曹春海 编著

辽宁科学技术出版社
LIAONING SCIENCE AND TECHNOLOGY PUBLISHING HOUSE

图书在版编目（CIP）数据

Lightroom4数码暗房技术实用手册 / 曹春海编著. —沈阳：辽宁科学技术出版社，2013.5
ISBN 978-7-5381-7995-8

Ⅰ. ①L… Ⅱ. ①曹… Ⅲ. ①数字照相机—图像处理软件—技术手册 Ⅳ. ①TP391.41-62

中国版本图书馆CIP数据核字（2013）第065042号

出版发行：辽宁科学技术出版社
（地址：沈阳市和平区十一纬路29号 邮编：110003）
印 刷 者：辽宁美术印刷厂
经 销 者：各地新华书店
幅面尺寸：170mm × 240mm
印 张：15.5
字 数：340 千字
印 数：1 ~ 4000
出版时间：2013年 5 月第 1 版
印刷时间：2013年 5 月第 1 次印刷
责任编辑：于天文
封面设计：潘国文
版式设计：于 浪
责任校对：李淑敏

书 号：ISBN 978-7-5381-7995-8
定 价：68.00元（1 DVD）

联系电话：024-23284740
邮购热线：024-23284502
E-mail：mozi4888@126.com
http：//www.lnkj.com.cn

前言 Preface

对于一个经常处理照片的摄影师来讲，Photoshop几乎是不二的选择。笔者是在一个很偶然的机会接触到Lightroom这个软件的，开始的时候，由于十多年间一直使用Photoshop的习惯，对Lightroom的运行界面以及操作性有些排斥。但是，当使用这个软件完整地处理一套照片以后，却逐渐喜欢上了这个软件。

从Adobe公司对这个软件的研发力度以及推广可以看出，这是一款“纯粹”的软件，它只针对于对照片质量以及色调有较高要求的摄影师以及数码影像的后期工作人员。当笔者把这个软件推荐给一些同行的时候，他们总觉得Lightroom不过是将Photoshop里面的Camera Raw提取出来的产物。幸好，在朋友们使用过Lightroom一段时间以后，他们改变了最初的看法，因为Lightroom的设计理念和使用方法与Photoshop是两个完全不同的概念。对于Photoshop来说，Lightroom是一个新的产物，面世至今不过五六个年头，虽然它也有一些缺点在不断完善中，但这个软件仍然具有区别于前者的很多优势。

首先，Lightroom很好地把握了数码照片后期处理的“度”。我们知道，数码照片的后期处理的理念来源于传统胶片时代的暗房。数字化时代的暗房虽然极大地降低了修图人员的工作量，但是也渐渐模糊了数码暗房与平面设计之间的界限，而Lightroom则很好地控制了这个界限。在这个软件中，用户将只能对照片进行色调的专业修正，去除一些影响构图的瑕疵，而无法像在Photoshop里面对模特瘦身、调整身体的比例，甚至于改头换面、移花接木。对比来看，笔者相信Lightroom的工作范畴更接近“摄影记录生活”的理念。

其次，Lightroom提供了在不破坏原始照片基础上的数据保存功能。在Photoshop里面，我们处理完一幅照片并将其保存以后，曾经使用过的操作步骤必将消失，除非你特意存储下来。除此之外，几乎所有在照片上使用过的操作，在让照片美观的同时，都会带来照片质量的降低。Lightroom则很好地解决了上述问题，这个软件所有针对于照片的操作，都是以数据库的形式记录在一个叫作“目录”的功能模块中，对原始的照片没有任何的伤害。在某一天，你想重新修改照片中的一些细节，打开Lightroom并找到这幅照片，你就会发现曾经的操作记录仍然在那里。

Lightroom对照片的整理、甄选与管理同样优秀，我们从这部分功能中可以看到

Adobe Bridge的影子，当然还要比后者更加优秀。我们可以使用软件联机拍摄，或者从相机存储卡中导入一组影像，通过整理、对比，并从中选择出满意的照片，经过后期处理并将它们导出。上述操作流程伴随着Lightroom模块之间的无缝连接，让一切工作显得如鱼得水，并不断在工作中收获惊喜。

本书一共包括7个章节，主要内容如下：

第1章主要介绍RAW格式与普通JPG图像文件的区别，以及Lightroom这个软件的界面、模块组成以及基本操作流程。

第2章主要介绍如何使用Lightroom进行照片的导入和导出操作，这些内容是学习Lightroom首先应该掌握的。

第3章主要介绍Lightroom中的“图库”模块，这部分内容将有助于帮助读者使用这个软件更好地整理、甄选和管理照片库。

第4章到第6章主要介绍Lightroom中的“修改照片”模块，由于这部分内容是这个软件的主要功能区，也是其精华所在，所以用了更多的篇幅进行介绍。我们将在这部分教程中掌握如何使用Lightroom完成对照片的瑕疵的修复、色调的调整以及效果的制作。

第7章主要介绍Lightroom中的一些应用类模块，这些模块包括“地图”“书籍”“幻灯片播放”“打印”“Web”，它们并不属于Lightroom的核心功能，但是了解这些模块，也会让照片的应用增添一份乐趣。

具有综合性应用的15个实例，它们并没有出现在本书的页码内，而只是将这些实例的演示教学视频放在了本书配套的光盘中。通过这些实例的学习，可以让读者对Lightroom这个软件的功能融会贯通。

除了上述内容以外，本书光盘中还提供了书中其他章节的演示教学视频，以及所有实例的原始照片和效果图，从而方便读者学习。

本书由曹春海编写，其他参与本书编写的还有宗丽娜、刘春阳、曹皓、丁虹、刘鹏、曲妮娜、鲍伟、岳淑梅、历彩云、毛冬娇、黄鲁军、孔宇、孙啸晗、郑景文、何海滨、王春艳、梅阳、李放歌、盛阳、王越、董超、郝祁、吕来顺、杨艳、郑重、张亮、张雷、盛阳、徐文彬、刘丽娜、孔宇、任延来、方永和、吴晓辉、郭英杰、吴敏、冯忠江、路德勇、于丽萍、滕丽华。

由于水平有限，失误在所难免，如果读者在阅读本书的过程中，发现有疑问，欢迎访问http: //blog.sina.com.cn/cch2005。

编　者

2013年1月

目录 Contents

第1章 与Lightroom初相识

第2章 数码照片的导入和输出

第3章 图库——出色的影像管理工具

第4章 使用“修改照片”处理照片的瑕疵

第5章 调整照片的色调

第6章 效果千寻

第7章 扩展功能巡礼

第 1 章　与Lightroom初相识

在Adobe公司的产品线定位中，Adobe将Lightroom 4定位给摄影玩家及专业摄影师所使用的软件，当然这也涵盖了婚礼记录、婚纱摄影或是以网拍、商品摄影为职业的专业摄影师。Lightroom 4提供了一个整合式的弹性处理流程，根植在以RAW格式影像为基础上的，包含了影像的管理和甄别、单张影像的处理、风格的套用、自动化的批量处理等功能。

从本章开始，我们来学习这个令人耳目一新的软件，在学习的过程中，我们将了解到这个软件一些与众不同的地方，众多出类拔萃的技巧，并最终通过这个软件的帮助，达到专业级的照片修饰水平。

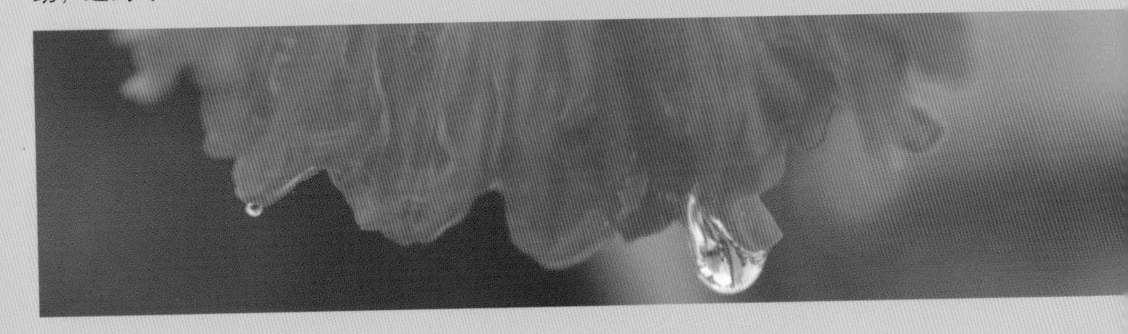

1.1 RAW格式照片的前世今生

Lightroom 4是一套“综合式”的RAW 图像处理软件，可以处理大部分目前存在的相机型号所产生的RAW格式照片，并赋予个性化的摄影师风格。

在学习Lightroom以前，首先让我们来了解一下各种不同的图像格式。

1.1.1 数码照片的存储格式

我们在拍摄照片和后期处理照片的过程中，需要接触多种图像格式，这些图像格式具有不同的优缺点。在后期使用过程中，一定要清楚了解这些图像格式的差别，并能因地制宜地去运用它们。

1. JPG格式

JPG格式是目前最广泛使用的一种图片格式，我们通常所拍摄的照片格式也都是JPG类型。

JPG图像格式可支持24位全彩。它精确地记录每一个像素的亮度，但采取计算平衡色调来压缩图像，因此我们的肉眼无法明确地分辨出来。事实上，它是在记录一幅图像的描述说明，而不是表面化地对图像进行压缩。

JPG格式是目前对同一图像压缩比例最大，而质量损失最小的一种图像格式。如果条件有限，而又想最大可能表现图像的效果，那么这种图像格式是比较好的选择。

如图1-1所示的两幅照片，一幅为JPG文件，一幅为TIFF文件，我们从画面上几乎看不到它们之间的区别，但是文件的大小却差别很大。JPG与TIFF格式文件的压缩比率为1：40左右，甚至更高。即一幅10M的TIFF格式文件，压缩为JPG文件以后，可能只有256K，所以这种文件格式应用非常广泛。

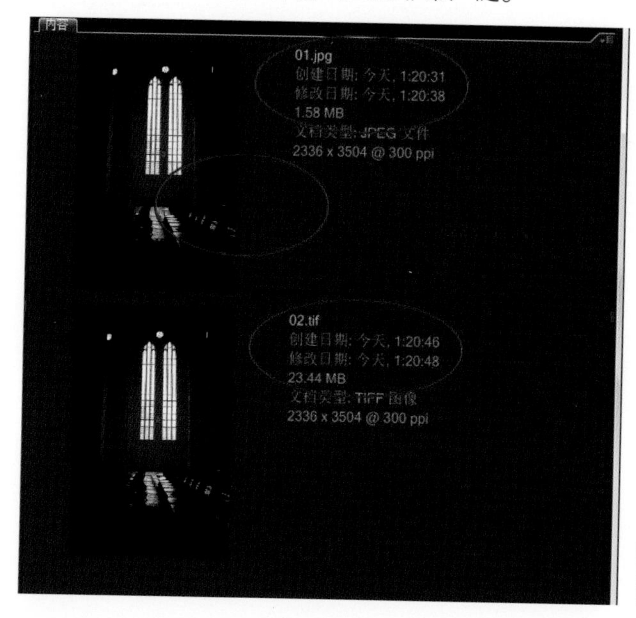

图1-1 JPG和TIFF两种格式的大小比较

注意：

JPG文件每一次的重新存储，都是以“牺牲”质量作为代价。如我们打开一幅JPG图像并且要对其进行一些修改，那么所修改的是解译后的点阵图像，而不是JPG文件的本身。将图像另外再存储JPG格式文件，则原先已经解译的点阵图像（包含缺陷等）都将再度被压缩，结果图像的品质将变得更差。如果没有必要，千万不要重复存储同一张JPG文件。

2. TIFF格式

TIFF格式是一种非常广泛的位图图像格式，几乎被所有绘图、图像编辑应用程序所支持，常用于应用程序之间和计算机平台之间交换文件，它支持Alpha通道的CMYK、RGB和灰度文件，不带Alpha通道的Lab、索引色和位图文件。

3. PSD格式

PSD格式并不是数码相机拍摄后对照片的默认保存格式，而是一种在后期使用Photoshop编辑照片中产生的特有图像文件格式。它可以将所编辑的图像文件中的所有有关图层和通道信息记录下来，如图1-2所示。所以，在编辑图像的过程中，通常将文件保存为PSD格式，以便于以后重新读取需要的信息。

但PSD格式的图像文件很少被其他软件和工具支持，所以，在图像制作完成以后，通常需要转换为一些比较通用的图像格式（TIFF格式等），以便于进行后期的输出。

图1-2　PSD格式可以用图层保存编辑信息

注意：

用PSD格式保存图像时，图像没有经过压缩，当图层较多时，会占用较大的硬盘空间。图像制作完成以后，除了保存为通用的格式以外，最好再存储一个PSD的文件备份，直到确定不需要在Photoshop中再次编辑该图像为止。

1.1.2　RAW格式的优势

当我们在使用数码单反相机拍摄的时候，允许设定的图像存储格式主要有3种：RAW、JPG以及TIFF。对于后两种文件格式，是摄影爱好者平时使用频率较高的。那么RAW文件是怎样一种格式呢？它与其他的图像存储格式的区别体现在哪里呢？

1. 什么是RAW格式的照片

RAW文件主要是一种记录了数码相机传感器的原始信息，同时伴随一些由相机所产生的一些元数据（例如ISO的设置、快门速度、光圈值、白平衡等）的文件。不同的相机制造商会采用各种不同的编码方式来记录RAW数据，进行不同方式的压缩，同时也采用不同的文件扩展名，如Canon系列相机的.CR2、Minolta相机的.MRW、Nikon单反相机的.NEF、宾得系列单反相机的DEF、Olympus系列单反相机的.ORF等，不过其原理和所提供的作用功能都是大同小异的。对于目前数码相机行业RAW格式的制订以及Photoshop对RAW格式的支持，随着这几年的发展，已经变得日益完善。

2. RAW格式照片的特点

RAW文件几乎是未经过处理而直接从CCD或CMOS上得到的信息，通过后期处理，摄影师能够最大限度地发挥自己的艺术才华。具体来讲，RAW格式文件具有以下几个特点。

（1）虽然RAW文件并没有白平衡设置，但是真实的数据也没有被改变，可以任意调整色温和白平衡，并且不会有图像质量损失。

（2）颜色线性化和滤波器行列变换在具有微处理器的电脑上处理得更加迅速，这允许应用一些相机上所不允许采用的、较为复杂的运算法则。

（3）虽然RAW文件附有饱和度、对比度等标记信息，但是其真实的图像数据并没有改变。用户可以自由地对某一张图片进行个性化的调整，而不必基于几种预先设置好的模式。

（4）RAW最大的优点就是可以将其转化为16位的图像。也就是有65 536个层次可以被调整，这对于JPG文件来说是一个很大的优势。当编辑一幅照片的时候，特别是当我们对阴影区或高光区进行重要调整的时候，可调节的余地更大，获得的效果和细节也更加细腻。

3. RAW格式与JPG格式的区别

我们可以认为所有的单反相机都使用了RAW格式，但是当我们选择了JPG作为存储格式以后，就把图像提交给了相机内置的RAW转换程序。如果我们允许以RAW作为存储格式，那就意味着可以在一个复杂的平台上对照片做更好的调整，即使修改不佳，也可以在将来重新调整。

在生成JPG文件之前必须决定一些重要的方面，即白平衡、对比度、饱和度等，而RAW的好处在于，这些都不必在当时深思熟虑，以后有充足的时间来思考。

对于一些摄影师（体育、新闻）而言，拍摄照片时的便利与速度才是最重要的，而其他人并不一定如此。如果你想要最好的画质，RAW便是不二之选。一些相机同时保存JPG格式和RAW格式，对于摄影师而言，这是再好不过的了，然而这也不得不占用额外的存储空间。

一部分用户并不喜欢RAW格式，因为这种格式的文件实在太大了，他们需要更多的空间。RAW文件确实需要更大容量的存储器，同时也需要优秀的解码和编辑软件，随着技术的不断进步，相信RAW的明天会更好。

4. 在拍摄中选择使用RAW格式

如果条件允许，读者在实际拍摄过程中，可以优先选择RAW格式，它会让后期照片处理过程获得更大的余地。如图1-3所示，是佳能一款单反相机的图像格式设置菜单，其中可以选择JPG、RAW或者RAW+JPG三种格式。

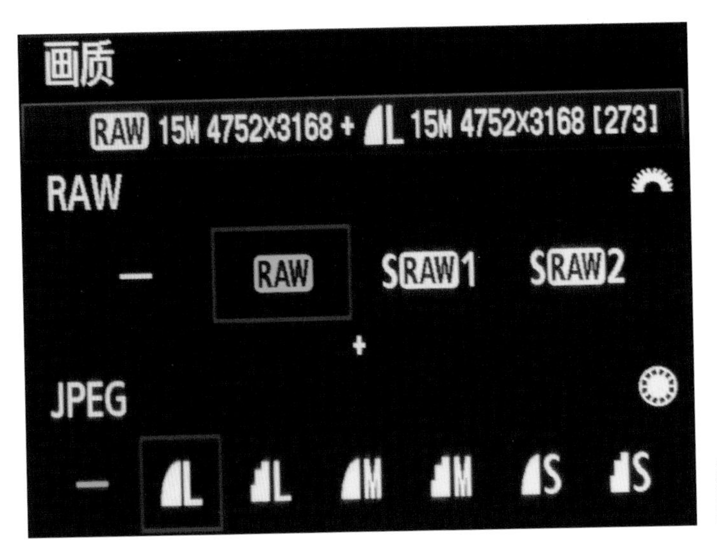

图1-3　在单反相机中设置拍摄格式

图1-4显示的是各种不同的文件格式的照片大小，以及所能输出最大打印尺寸。

画质		像素	打印尺寸	文件尺寸（MB）
JPEG设置	◢L	大约1510万像素（15M）	A3或更大	5.0
	▟L			2.5
	◢M	大约800万像素（8M）	A3、A4	3.0
	▟M			1.6
	◢S	大约370万像素（3.7M）	A4或更小	1.7
	▟S			0.9
RAW设置	RAW	大约1510万像素（15M）	A3或更大	20.2
	SRAW1	大约710万像素（7.1M）	A3、A4	12.6
	SRAW2	大约380万像素（3.8M）	A4或更小	9.2
RAW & JPEG设置	◢L	约1510万像素	A3或更大	20.0+
	RAW	约1510万像素	A3或更大	5.0
	◢L	约1510万像素	A3或更大	12.6+
	SRAW1	约710万像素	A3、A4	5.0
	◢L	约1510万像素	A3或更大	9.2+
	SRAW2	约380万像素	A4或更小	5.0

图1-4　不同文件格式照片的大小差异

从上图可以看到，我们在设置拍摄照片格式的时候，除了直接保存为RAW以外，还可以设置RAW＋JPG这样的格式。这种方式为我们提供了一个非常方便的条件，就是在按一次快门的状态下，可以在拍摄一幅RAW格式照片的同时，获得与其完全相同的JPG图像，从而方便在后期进行对比和备份。

当然，无论是直接保存为RAW格式，还是RAW＋JPG格式，保存照片的速度都要慢于保存为JPG格式，所以RAW格式的设置不适用于快速抓拍，这一点需要读者注意。

1.1.3　什么是DNG格式

前面章节中我们曾经介绍到，不同品牌的数码单反相机都内置了存储RAW格式照片的功能，但是文件的名称以及算法却“各自为战”。为了解决不同相机间RAW文件的差异，Adobe公司在2004年采用了一种开放的RAW文件格式，称为数字底片（Digital Negative）格式，即DNG格式。

Adobe正在向数码相机制造厂商和成像软件开发商推广这种文件格式。与众多的专用RAW文件不同，DNG格式被设计成足够灵活，能与任何数码相机生成的图像数据匹配。将一个专用的RAW文件在Photoshop中打开，都可以另存为新的DNG格式，同时保留这个RAW文件格式的所有特性。

自 DNG 格式推出以来，已有众多软件制造商开发出对 DNG 的支持，不少著名的相机制造商也都推出了直接支持 DNG 的相机，相信在不久的将来，这种文件格式必将会有更大的市场和作为。

1.2　Lightroom工作窗口简介

这一节，我们将真正接触Lightroom这个软件。在学习如何使用该软件进行照片编辑以前，首先应该掌握Lightroom的软件运行窗口以及基本操作习惯，这些是使用这个软件的基础所在。

1.2.1　Lightroom的软件运行界面

Lightroom的运行界面简洁明了，各部分功能的位置都尽量做到人性化的设置，方便初学者掌握。

如图1–5所示的就是Lightroom 4在“图库”模块运行过程中的界面组织形式，下面我们分别针对各部分区域简要介绍它们的功能。

1 **菜单栏**：通过执行其中相应命令实现场景的变化。

2 **导航器**：用于场景照片的缩放。

3 **控制面板**：用于处理源照片属性的面板。

4 **照片显示窗格**：用于照片的快速预览和查找。

5 **模块选择器**：用于切换Lightroom的不同功能组。

6 **工作区**：图像显示的主窗口，与照片编辑有关的功能都在此进行。

7 **工具条**：用于控制图像的视图操作以及筛选操作。

8 **直方图**：随时查看照片的色彩信息。

9 **控制面板**：用于处理关键字、元数据以及参数输入面板。

Lightroom 4共分为7大模块，其中图1–5介绍的“图库”一项，用于照片的导入、组织、比较以及选择。除此之外，还有其他的6项模块，它们在通过模块选择器切换以后，整体的软件运行界面稍有不同，但是主要功能不会发生变化。

下面，我们分别单击“模块选择器”一项，分别切换到其他功能组中，就会看到各部分界面的差别。

小技巧：按住“Ctrl+Alt”键，并按数字“1”至“7”中的任一数字可在7个模块间切换。

“修改照片”模块用于修缮照片的瑕疵、调整色调和颜色，如图1–6所示。

图1–5 “图库”模块的界面组织形式

图1–6 “修改照片”模块的界面组织形式

“地图”模块可以通过照片的GPS坐标查找到拍摄地点，或者将照片按照拍摄地点进行标记，方便后期的查找和筛选，如图1–7所示。

“书籍”模块可以将处理后的照片装订成册，形成书籍，如图1–8所示。

图1–7 “地图”模块的界面组织形式

图1–8 “书籍”模块的界面组织形式

“幻灯片放映”模块用于将照片制作成电子相册，如图1–9所示。

“打印”模块用于将照片进行准确和个性化的打印操作，如图1–10所示。

“Web”模块用于将照片生成网页进行网络发布，如图1–11所示。

在上述诸多功能里面，Lightroom 4的核心功能仍然是“图库”以及“编辑照片”两项，所以在本书的后面章节中，我们将对这方面功能进行详细了解；对于“地图”“书籍”“幻灯片放映”“打印”以及“Web”这些辅助和扩展功能，都将在本书后面的第7章中进行介绍。

图1-9 “幻灯片放映”模块的界面组织形式

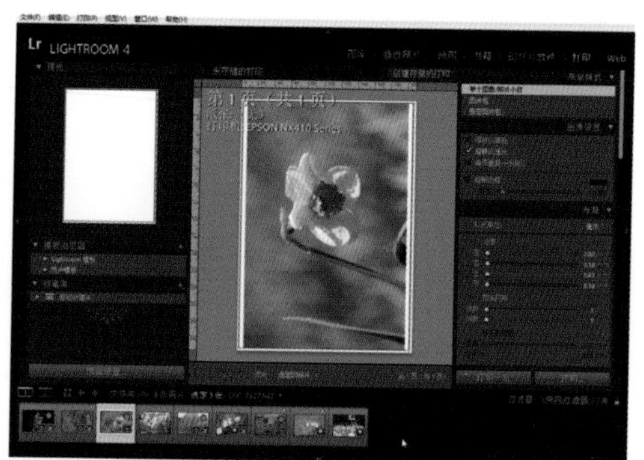

图1-10 “打印”模块的界面组织形式

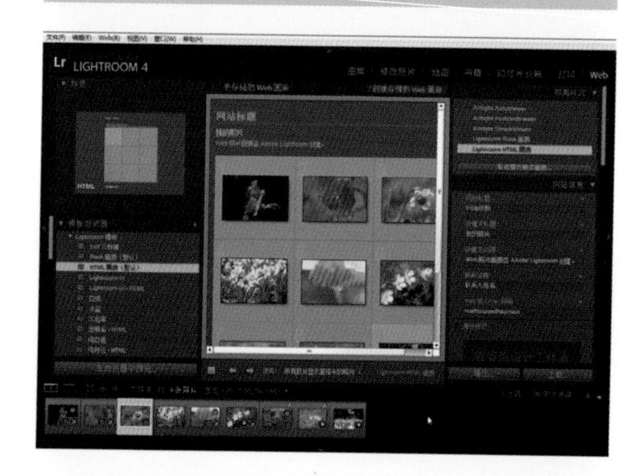

图1-11 “Web”模块的界面组织形式

图1-12 使用“窗口”菜单命令显示隐藏界面

1.2.2 自定义软件的运行界面

在使用Lightroom 4工作的过程中，我们往往需要不断地切换软件的运行界面，显示和隐藏各类面板，以方便对照片的处理。

Lightroom对界面的组织方式十分灵活，可以用多种方式执行同一命令。首先，我们可以通过执行“窗口”菜单中的相应命令来实现界面的变化，如图1–12所示；其次，也可以使用键盘的快捷键以及鼠标的单击实现其中大多数的命令。下面，我们来详细了解一下如何按照个人的工作习惯变换Lightroom的运行界面。

1. 更改屏幕模式

Lightroom 4在工作过程中，提供了4种屏幕模式互相切换，分别为“正常”“带菜单栏的全屏模式”“全屏”“全屏并隐藏面板”，读者可以执行菜单“窗口”|“屏幕模式”下的命令进行切换，如图1–13所示。

这几种不同的屏幕模式可以改变工作区的面积，适应不同使用者的工作习惯。其中“全屏并隐藏面板”可以让工作区范围做到最大化，从而更准确地对场景中的照片进行查看，如图1–14所示。

图1-13 使用“屏幕模式”下的命令

图1-14 Lightroom的全屏模式

小技巧：“正常”“带菜单栏的全屏模式”“全屏”使用键盘的“F”键进行切换，“全屏并隐藏面板”需要按下“Ctrl+Shift+F”键执行。

2. “背景光”模式

为了在使用软件工作过程中突出照片，Lightroom 4引入了背景光功能，共有3种模式可供用户选择，分别为“打开背景光”“背景光变暗”“关闭背景光”，它们的切换可以通过执行菜单“窗口”|“背景光”子菜单中的相应命令来实现，如图1-15所示。

小技巧：3种背景光模式可以通过按键盘的“L”键进行切换。

在这3种模式中，“打开背景光”即是正常工作状态下的效果；“背景光变暗”模式下照片保持亮度不变，场景中其他部分则变暗，如图1-16所示。

这种模式的使用频率较高，因为既保留了菜单和面板影像，又突出了照片；“关闭背景光”状态下，照片亮度不变，而其余所有部分都以黑色显示，应用稍有不便。

图1-15 使用“背景光”菜单的命令

图1-16 “背景光变暗”模式

3. 功能组的隐藏和显示

所谓功能组，指的是图像显示区的上下左右四个方面的各部分功能面板，它们的隐藏和显示都直接影响到图像显示区的范围，所以在后期工作过程中，总要不停地切换这些功能区。Lightroom提供了众多切换的方式，下面，我们来分别进行介绍。

在图像显示区四个方向的功能组边缘上都带有一个小三角，通过鼠标单击这些小三角，就可以快速地实现对应面板的显示和隐藏操作，如图1–17所示。

如果我们想快速地实现面板组的隐藏和显示，则需要执行菜单“窗口”|“面板”|“切换两侧面板”以及“切换全部面板”命令来完成，如图1–18所示。其中“切换两侧面板”将保留上方的“模块选择器”以及下方的“照片显示窗格”；而“切换全部面板”则会将所有面板都隐藏掉。

小技巧：“切换两侧面板”按键盘的“Tab”键执行；“切换全部面板”按键盘的“Shift+Tab”键执行。

图1–17　使用小三角快速显示隐藏面板

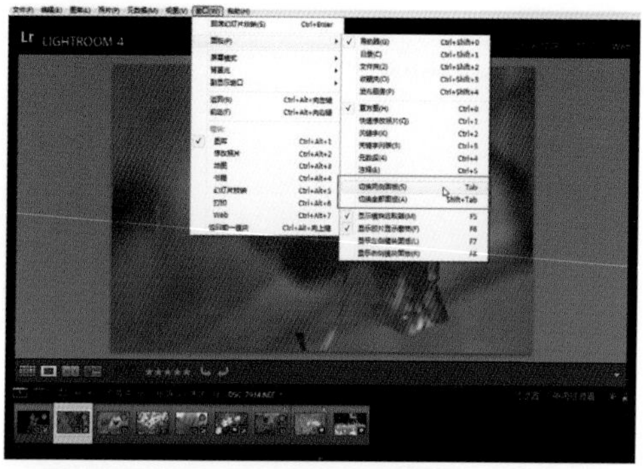

图1–18　使用“切换面板”命令

除了控制面板的显示和隐藏以外，Lightroom也能随时控制面板的宽度，将鼠标放在面板边缘，当鼠标变成一个“左右箭头”的时候，可以通过拖曳鼠标，来控制面板的大小，如图1–19所示。

4. 单个面板的控制方式

Lightroom 4主要使用各类不同的面板编辑和处理图像，它们分布在图像显示区的左侧和右侧。面板的状态一共分为4种，分别为展开、卷起、隐藏和显示，它们的控制方式一共有3种：鼠标单击、执行菜单命令以及执行鼠标右键菜单来完成。

首先，当我们将鼠标放在每个面板名称的位置上单击鼠标，可以快速实现面板的展开和卷起，如图1–20所示。

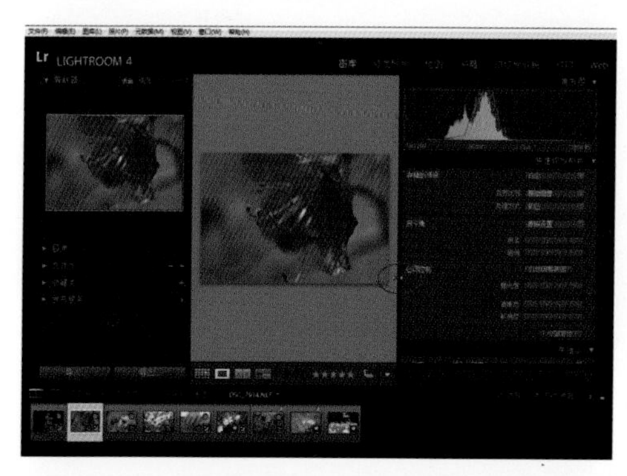

图1–19　使用鼠标改变面板的宽度

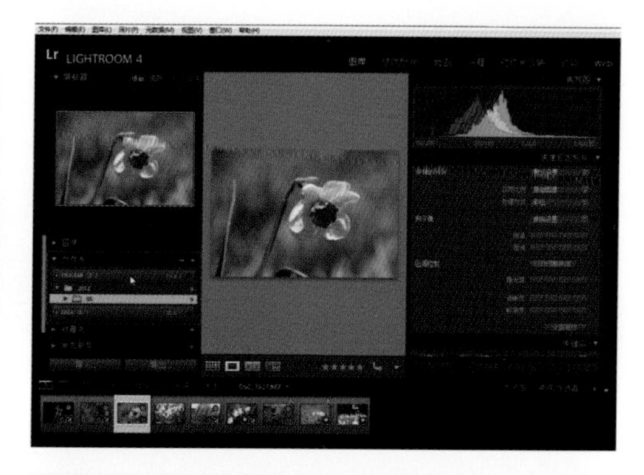

图1–20　快速实现面板的展开和卷起

其次，执行菜单“窗口”|“面板”下的命令，也可以实现对面板的展开、卷起以及显示操作，如图1–21所示。在该子菜单中，上方部分为控制左侧菜单的命令，下方部分为控制右侧菜单的命令，一目了然，非常方便。

最后，当我们将鼠标放在每个面板上方位置时，单击鼠标右键，将弹出一个菜单，在其中有更多高级的操作可以使用，如图1–22所示。其中“全部显示”|“全部隐藏”命令，用于控制整个面板组的显示和隐藏；“单独模式”被选择时，一次只能展开或者关闭一个面板；“全部展开”|“全部折叠”用于控制整个面板组的同时卷起和展开。

图1–21　使用“面板”下的命令实现面板的卷展

图1–22　使用右键菜单实现面板的显示和隐藏

1.2.3　视图工具的使用

视图是图像处理的基础，要想在后期的图像编辑过程中游刃有余，熟练掌握视图工具的使用显得非常重要。Lightroom 4提供了多种不同的视图工具，例如导航器、鼠标单击以及快捷键等，通过这些视图工具的不同配合，可以快速地获得不同的视图效果。

1. “导航器”面板的使用

当我们在Lightroom 4下方的“照片显示窗格”中选择一幅照片，同时当前模块功能组处于“图库”或者“修改照片”状态下，“导航器”面板将可用于进行照片的缩放，如图1–23所示。

在“导航器”面板上方提供4种不同的视图操作，分别为“适合”“填满”“1：1”以及“自定义比例”。如图1–23～图1–25所示。

最后一项用于我们自定义显示比例。我们可以将鼠标放在“导航器”面板的末端单击鼠标，将弹出一个新的菜单，在该菜单中提供了几种不同的比例设置，用户可以自由选择这些比例，同时图像工作区将根据选择的比例对图像进行缩放，如图1–26所示。

小技巧：按键盘的“Ctrl+=”或“Ctrl+–”，或者执行菜单下“视图”|“放大”（“缩小”）命令后，会在“导航器”面板的4个设置（“适合”“填满”1：1以及“自定义比例”）之间切换缩放级别。

图1-23 “导航器”面板用于照片的缩放

图1-24 使用“填满”视图方式

图1-25 让照片以实际像素显示

图1-26 使用更多的显示比例

2. 鼠标配合导航器缩放图像

使用鼠标配合“导航器”面板进行图像缩放要比单独使用“导航器”面板更加灵活，在说明如何使用鼠标单击缩放图像以前，有必要对Lightroom 4中的导航器加深一下认识。

Lightroom将导航器的4种缩放方式分为了两个级别，其中“适合”和“填满”是一个级别，而“1：1”以及“自定义比例”是一个级别，而鼠标的单击则是在两个级别之间不断切换，下面让我们来举例说明。

首先，我们使用鼠标单击导航器中的“适合”一项，然后再单击“1：1”一项，这样我们就使用导航器进行了一次缩放切换。

接下来，我们在图像工作区单击鼠标，图像会自动改变为“适合”状态，如图1-27所示。

再次在图像工作区单击鼠标，又会切换为“1：1”状态，如图1-28所示。

在我们不改变导航器两个级别的情况下，鼠标单击图像工作区将不断在上述两种显示方式之间切换，但是一旦我们重新选择不同的显示方式，鼠标的单击也会跟着改变。

现在，我们保留“适合”一项，然后将“1：1”模式改为“自定义比例”，那么接下来鼠标在图像工作区进行单击，则图像的显示方式会改变为“适合”和“自定义

第 2 章　数码照片的导入和输出

在了解如何对照片进行处理之前，应该清楚如何将照片导入到Lightroom中，以及编辑处理完成以后如何将照片从该软件中输出，这是学习一个图像处理软件首先应该掌握的基本问题。

2.1 导入数码照片

Lightroom 4提供了良好的照片导入模式，在导入中提供了众多的参数设置，方便各种用户的不同需求，这一节，我们来详细了解一下Lightroom 4的照片导入功能。

执行菜单“文件”|“导入照片和视频”命令将打开Lightroom的照片“导入”对话窗口，如图2-1所示。

图2-1 “导入”对话窗口

小技巧：按键盘的“Ctrl+Shift+I”键，也可以打开“导入”窗口。

与其他软件大体相同，Lightroom的照片导入过程共分为以下3个步骤完成，即

（1）源：在这个部分中，用户需要确定从存储器的哪个位置导入照片。

（2）方法和对象：在该部分中，用户需要先指定使用哪种方法导入照片，然后再在下方选择要导入的照片。

（3）目标：在该部分中，用户首先要指定一个导入的目标文件夹，然后通过其他面板的参数设置完成照片的导入操作。

接下来，我们详细介绍上述3个步骤的具体操作方法以及相关面板和命令的使用技巧。

2.1.1 从哪里导入——了解“源”窗口

Lightroom导入的“源”比较简单，只有一个“文件”面板，如图2-2所示。

用户可以将“文件”面板打开，然后在其中选择要导入照片所在的文件夹。在该面板的上方，有一项“包含子文件夹”复选框，如果读者将此项进行勾选，那么Lightroom将自动查找你所选择文件夹中的子文件夹，并将子文件夹中的照片也显示在中间照片工作区。勾选此项选项以后，有时会影响软件的运行速度，所以不建议勾选。

此外，除了从电脑的硬盘中导入照片以外，Lightroom也可以直接从连接有USB的存储器上（直接连接相机或者读卡器）导入照片。一旦使用USB与外部存储系统连接

以后，“文件”面板的上方，将出现一个该设备的存储器名称，从而可以直接从该存储器中导入照片，如图2-3所示。

图2-2　导入的“源”面板

图2-3　从连接的相机导入照片

小技巧：Lightroom支持的文件格式包括各类品牌相机所拍摄的RAW格式文件，DNG文件、常见的位图格式（JPG格式、TIFF格式）、Photoshop使用的PSD格式、一些视频格式；不支持AI矢量格式、PNG格式，以及尺寸大于65000像素（单边）或者大于百万像素的文件。

2.1.2　导入的方法和照片选择

一旦在左侧“文件”面板选择好照片所在的文件夹以后，接下来就进入到照片“方法和对象”窗口部分。该对话窗口从上到下大致分为两大部分，即照片导入的方法以及对照片的选择，如图2-4所示。

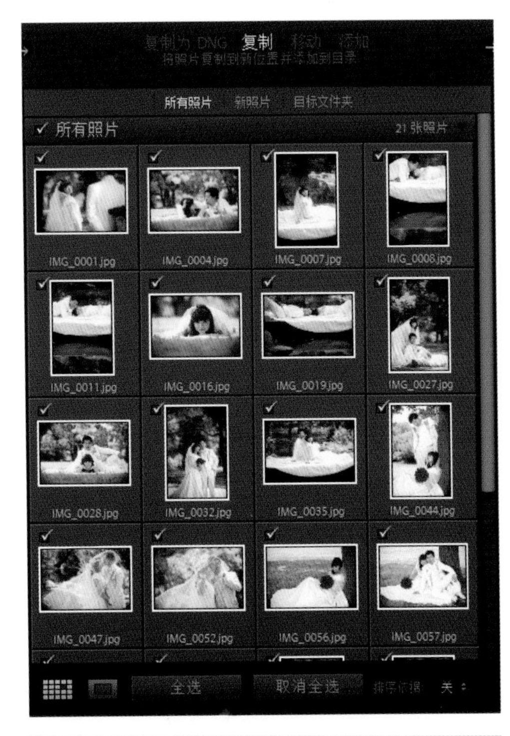

图2-4　“方法和对象”窗口部分

1. 如何导入

对于照片的导入方法，Lightroom 4提供了4种方式，即复制为DNG、复制、移动、添加，如图2-5所示。这几种方式具有本质的区别，选择准确与否直接关系到后期照片处理的速度以及对原始照片的影响，所以应该引起读者注意。下面，我们了解一下几种导入方式的差别。

● **复制为DNG**：将RAW格式照片复制到所选文件夹，并将其转换为数字负片（DNG）格式。这是一种保留原始照片信息最大化，并让副本通用的方式，建议读者使用。需要注意的是，如果我们所选择的照片非RAW格式，则此项失效。

● **复制：**将照片文件（包括任何附属文件）复制到所选文件夹。与上一种方法相比，这种方式更多情况下用于处理非RAW格式照片，也是我们在导入照片时经常选择的方法。

● **移动：**将照片文件（包括任何附属文件）移到所选文件夹。移动的文件将会从其当前位置中移去。

● **添加：**将照片文件保留在其当前位置。

从上述4种方式分析，后面两种都是直接引用原始照片，后期的处理也将在原始照片上进行编辑，这样无形中就破坏了原始影像；前面两种方式则不同，原始照片保留不变，而只是通过复制它们的副本用于编辑，所以前面两种是我们推荐使用的方法。

图2-5 选择导入照片的方法

2. 选择照片

确定导入方法以后，我们就可以在下方图像显示窗口中进行照片的选择了。在默认状态下，照片的显示都是以网格视图显示的，这样可以快速预览被选择文件夹中的所有照片，如图2-6所示。

单击图像显示窗口下方中的“放大视图”按钮，可以将被选择的照片以放大模式显现出来，从而更加精确地查看该照片的全貌，如图2-7所示。

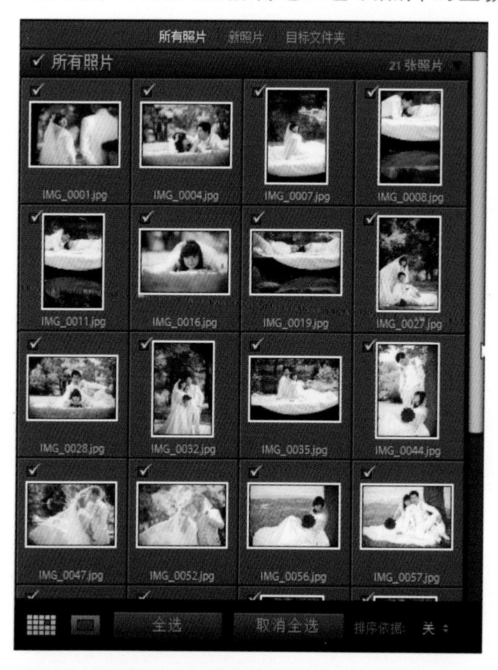

图2-6 以网格方式显示照片

图2-7 以放大模式显示照片

小技巧：网格显示使用键盘的“G”键执行，“放大视图”显示使用键盘的“E”键执行。

除此之外，在“放大视图”按钮旁边，还有“全选”和“取消全选”两个按钮。使用它们并配合鼠标的单击，就可以快速地选择出我们要导入的照片了。

2.1.3 导入到哪里——了解“目标”窗口

在选择出要导入的照片以后，还需要进入“目标”窗口中，设置导入的目标文件夹以及进行其他相关设置。“目标”窗口中一共有4个面板用于进行参数设置，分别为“文件处理”“文件重命名”“在导入时应用”“目标位置”，如图2-8所示。

在这4个面板中，“文件重命名”以及“在导入时应用”在导入时使用频率不高，也相对简单。下面，我们只针对“文件处理”面板和“目标位置”面板做详细介绍。

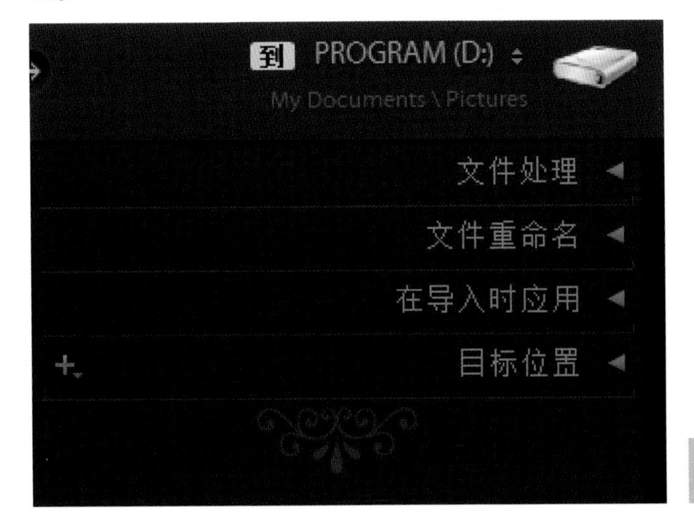

图2-8 “目标”窗口由4个面板组成

1. “文件处理”面板

将“文件处理”面板打开，里面一共有3项参数和选项可供使用。这3项对于照片的导入都是至关重要的，如图2-9所示。

当我们将照片导入到Lightroom以后，每次运行软件并处理照片时，软件都会对照片进行预览。“渲染预览”一项参数，正是用于设置以何种方式预览照片的选项，所以这项参数设置的准确与否，直接影响到后期软件的运行速度以及照片的显示效果。

当我们使用鼠标单击“渲染预览”后方的三角符号时，将弹出如图2-10所示的菜单，里面一共有4项选项可供选择，它们分别是“最小”“嵌入与附属文件”“标准”以及“1：1”。

这4种预览方式从导入照片所花费的时间上讲是依次增加的，但是在导入后处理环节照片的显示速度上则是依次加快的。“最小”和“嵌入与附属文件”两种方式虽然在前期导入照片时速度很快，但是后期处理照片过程中每张照片都需要重新加载；反之，“标准”以及“1：1”两种模式则在后期更能体现出它们的优势。基于以上的考虑，建议读者在这里选择使用后面两种“一劳永逸”的方式。

“不导入可能重复的图像”用于甄别在多次导入照片中是否存在相同的照片。如果此项勾选，那么如果出现重复的照片，Lightroom将自动识别它们，并不会被再次导入。

“在以下位置创建副本”用于建立一个除导入目标文件夹以外的副本。这项功能通常用于直接从相机中导入照片的情况，通常情况不进行勾选。

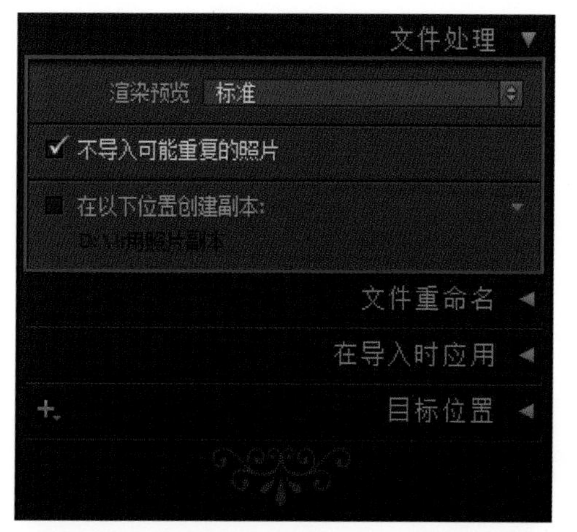

图2-9 “文件处理”面板

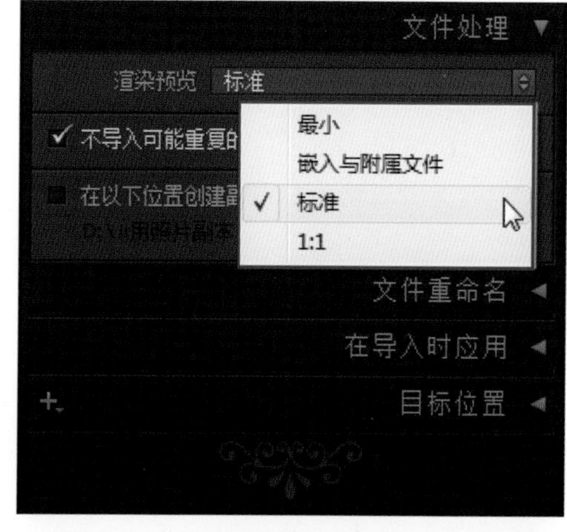

图2-10 设置“渲染预览”方式

2. “目标位置”面板

在将上述所有选项设置完成以后，最终需要确定要将照片的副本导入到硬盘的目标文件夹中，因此，我们需要使用“目标位置”面板来完成，如图2-11所示。

Lightroom允许我们在硬盘中建立一个文件夹，用于存放每次导入到软件中进行处理的照片。如果没有建立该文件夹，也可以单击该面板左上角的“+”号，用于创建一个新的文件夹，如图2-12所示。

为了避免混乱，可以在每次导入照片的过程中，都建立一个子文件夹，这个子文件夹以日期作为标识，方便我们使用。如果要执行上述操作，需要首先在“组织”中选择“按日期”一项，然后在“日期格式”中选择一种日期显示方式，这样在我们指定的文件夹下，就会出现一个以日期为名称的新文件夹，如图2-13所示。当每次导入都使用这种方式时，后期查找照片将变得非常容易。

图2-11 “目标位置”面板

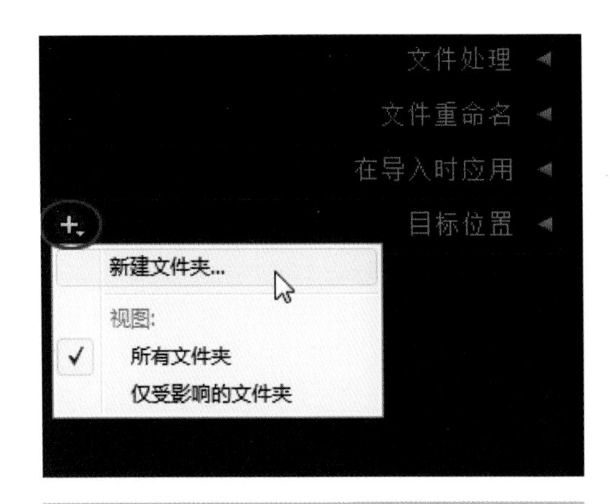

图2-12 创建新的文件夹

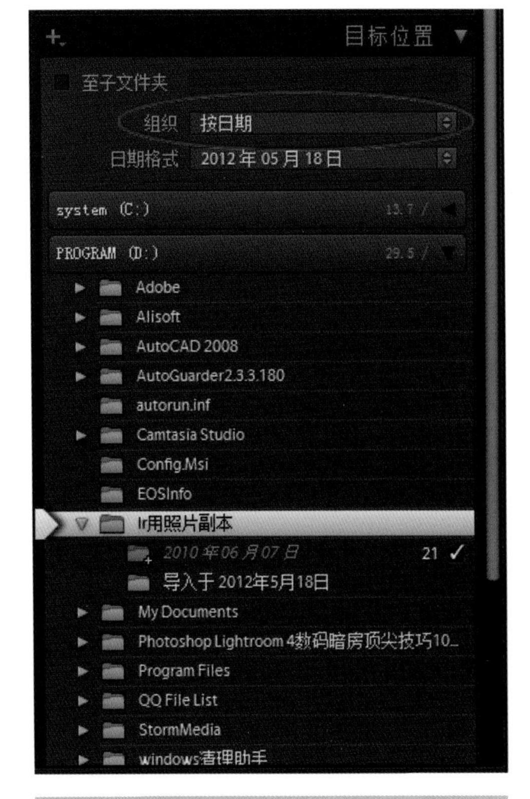

图2-13 按日期组织照片

2.1.4 与导入有关的系统设置

上述为读者介绍了Lightroom导入照片的基本流程和参数设置。在Lightroom的“首选项”面板中，还有几项参数需要读者注意，在涉及导入环节时，可能会使用到。

首先，执行菜单下“编辑”|“首选项”命令，将该对话框打开，在默认状态下，“首选项”对话框显示的是“常规”选项栏，如图2-14所示。

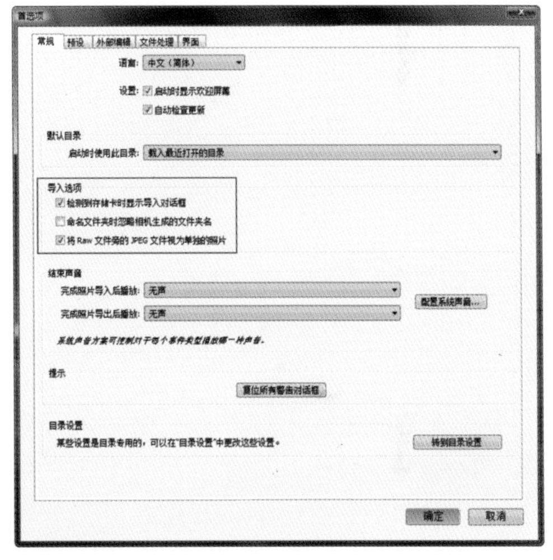

图2-14 “首选项”对话窗口

小技巧：按键盘的“Ctrl+，”键用于打开“首选项”对话窗口。

在该对话窗口的“导入选项”一栏，一共有3个选项可供选择。下面，我们介绍一下它们的作用和功能。

如果我们要在将相机或存储卡读取器连接到计算机后自动打开导入对话框，这个时候就应该勾选“检测到存储卡时显示导入对话框”一项参数。如果没有选择该选项，则连接相机或存储卡时 Lightroom 不会执行任何操作。

如果不想使用您的相机创建的文件夹名，这个时候就应该勾选“命名文件夹时忽略相机生成的文件夹名”。

如果在相机上拍摄RAW + JPEG格式的照片，我们可以勾选“将RAW文件旁的

JPEG文件视为单独的照片”，这样可以将JPEG作为单独的照片导入，否则Lightroom会将重复的JPEG视为附属文件。

2.1.5 其他导入方式

前面为读者介绍了Lightroom导入存储器的方法，除了这种方法以外，该软件还提供了其他的一些导入方式，从而让用户更加灵活地使用各种不同途径进行照片的导入操作。

1. 简化方式导入

我们可以将前面章节中使用的“导入”对话框进行简化操作，只显示主要参数，从而能够快速访问主要导入选项，提升工作效率。

要使用简化导入方式，需要单击“导入”对话框下方的小三角，这样整个对话框将以最小化模式显示，如图2-15所示。

图2-15　简化导入窗口

该对话框将以不提供导入照片的缩略图显示，而只提供最基本的一些必要导入选项。在导入的时候，需要在左侧上方选择“源”文件夹，然后进入到中间选择导入方式，并在右侧上方选择“目标”文件夹。当然，由于没有缩略图功能，所以无法选择特定照片，只能将被选择文件夹中的所有照片进行导入。

2. 使用预设导入

我们在前面章节中讲解“导入”对话框时，介绍了许多导入参数设置。如果读者不想每次都进行这样的设置，可以将它们存储为导入预设，然后在下一次导入时，应用该预设，Lightroom就会自动执行该预设中的相关参数。

首先，要让以后的导入能够使用本次参数，需要将这次导入的参数存储为预设。进入“导入”对话框中，单击下方“导入预设”按钮右侧的小三角，在弹出的菜单中选择“将当前设置存储为新预设”命令。接下来，将弹出一个用于设置预设名称的对话框，我们可以在这里输入名称，如图2-16所示。

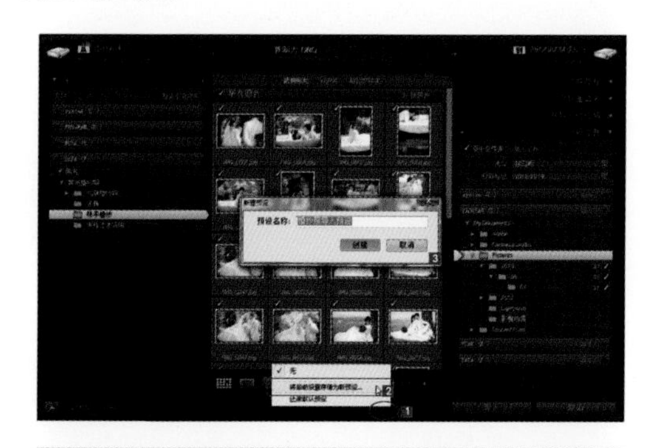
图2-16　将导入参数存储为预设

一旦将当前导入参数存储为预设以

后，将在下方“导入预设”菜单中显示出该预设名称，并且提供了删除该预设、还原默认预设以及重命名该预设的相关操作，如图2-17所示。后期再进行其他导入操作时，可以直接使用该预设。

图2-17　“导入预设”菜单中的相关命令

3. 联机拍摄导入

Lightroom支持使用联机拍摄导入照片的方式。我们将选定的数码单反相机连接到计算机时，可以将照片直接导入到Lightroom中，这样就绕开了相机拍摄软件和相机存储卡，不过目前Lightroom支持的联机拍摄相机仅限于佳能和尼康的普及率较高的数码单反相机。

首先，将相机使用数据线连接到电脑。

接下来，要使用联机拍摄功能，需要执行菜单“文件”|“联机拍摄”|“使用联机拍摄”命令，将打开如图2-18所示的对话窗口，在这里设置拍摄任务名称、文件命名以及存储目标等一系列的参数。这些参数设置完成以后，单击窗口下方的“确定”按钮，将启动联机拍摄。

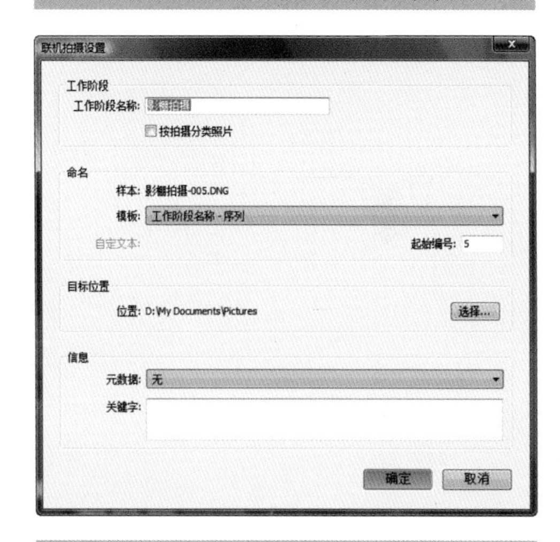

图2-18　“使用联机拍摄”窗口

启动联机拍摄任务以后，Lightroom自动转换到“图库”模块中，同时出现一个长条形的“拍摄设置”窗口，软件会自动检测当前相机并从相机设置读取快门速度、光圈、ISO 和白平衡，如图2-19所示。

如果要进行拍摄，可以直接单击“拍摄设置”窗口右侧的“快门开启”按钮，或者按相机的快门按钮。随着拍摄的完成，照片将依次显示在图库的图像显示窗口中，如图2-20所示。

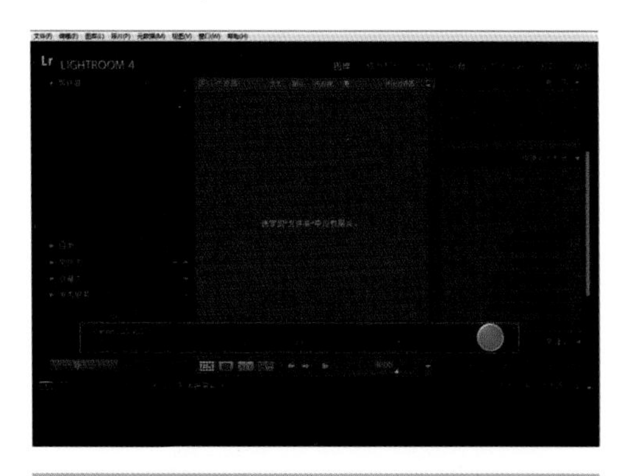

图2-19　“拍摄设置”窗口

图2-20　“快门开启”按钮

4. 自动导入

所谓自动导入，是指Lightroom可以随时监测我们指定的一个文件夹，当文件夹中有新的照片时，软件会自动将这些照片导入到目标文件夹中。

要使用自动导入功能，需要执行菜单“文件”|“自动导入”|“自动导入设置”命令，在弹出的菜单中，我们可以设置要监控的文件夹位置，目标文件夹位置以及照片重新命名等相关参数，如图2-21所示。

将上述参数设置完成以后，并将窗口上方的“启用自动导入”选项勾选。这样在后期一旦监控文件夹中出现新的照片时，启动Lightroom后，软件就会将这些照片导入到目标文件夹中。

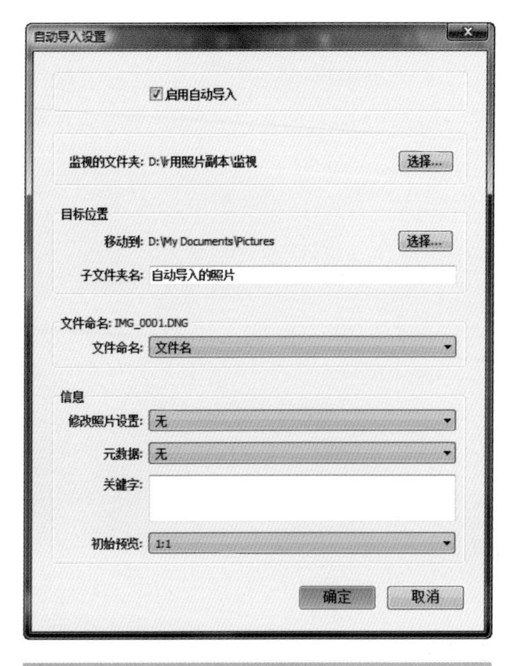

图2-21　“自动导入设置”窗口

2.2　导出数码照片

Lightroom的导出功能与导入功能类似。在掌握了导入功能以后，当我们将照片处理完成以后，接下来需要考虑的问题自然是如何将照片导出，所以这一节我们就来了解一下Lightroom的照片导出工具。

执行菜单下“文件”|“导出”命令，将打开如图2-22所示的“导出”对话窗口。整个窗口共分为两大部分组成，左侧为预设设置，右侧为参数面板。

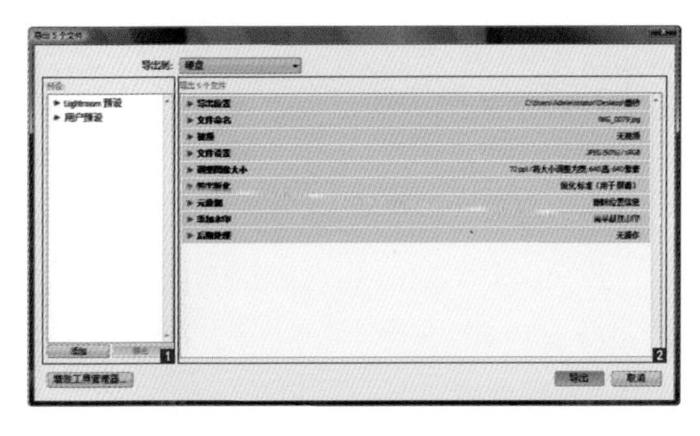

图2-22　“导出”对话窗口

小技巧：按键盘的“Ctrl+Shift+E”键，也可以打开“导出”对话窗口。

2.2.1　“导出”参数面板

在“导出”对话窗口中，右侧一共集成了9个参数面板，这些参数面板构成了“导出”对话窗口的主体，我们在后期照片导出过程中的大多数设置也都将在此完成。下面，我们来介绍一下其中比较重要的一些面板。

1. 导出位置

导出照片首先要设置的是导出的位置，将“导出位置”面板打开，如图2-23所示。

在该面板中，我们可以为导出照片指定一个文件夹，这个文件夹可以是硬盘中的任意位置，但是必须是已经在硬盘中存在的，否则需要进入到系统中手动创建。

“存储到子文件夹”一项如果勾选并在后面输入文件夹名称，则每次导出都将在指定位置创建一个新的文件夹。

打开“现有文件”下拉菜单，我们可以设置软件对重复导出照片的处理方式。

2. 文件命名

我们可以对导出的文件进行重新命名，打开“文件命名”面板，如图2-24所示。

与Lightroom其他功能中的文件重命名一样，这个部分中也提供了多种重命名的方法和排序方式，更好地满足各类用户的不同需求。

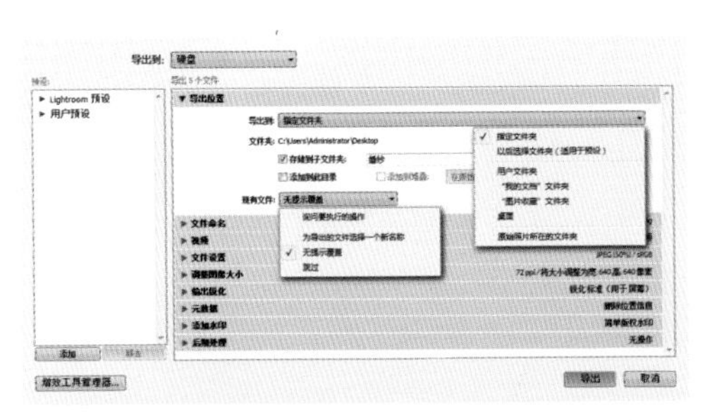

图2-23 “导出位置”面板

图2-24 “文件命名”面板

3. 文件设置

在Lightroom中，我们可以将照片导出为 JPEG、PSD、TIFF 或 DNG 格式，并且每一种导出格式都对应着不同的参数设置，如图2-25所示，就是“文件设置”面板。

在“文件设置”面板中，首先要为导出的照片选择一种文件格式。接下来，根据所选择文件格式的不同，面板中的参数也跟着发生变化，可以具体为所选择的格式设置输出的参数。

4. 调整图像大小

如果在“导出”对话框中选择JPG、PSD 或 TIFF 作为文件格式，则需要指定图像大小。对于导出照片的用途不同，图像大小也会有所差别，如图2-26所示。

Lightroom中对照片图像的约束方式有很多，可以对高度和宽度分别进行设置，或者单独规定长边或者短边的长度，还可以根据尺寸以及总的像素数量进行约束。通过这种灵活的参数设置，可以让我们对导出照片的用途有更加多样的变化。

5. 输出锐化

Lightroom允许我们在导出照片的过程中对照片进行适度的锐化，“输出锐化”面板如图2-27所示。

在使用输出锐化的时候，首先需要根据照片的用途选择“锐化对象”的选项，包括用于电脑屏幕的查看或者打印用的亚光纸以及高光纸。

其次，面板中还提供了3种锐化的程度，分为高、低以及标准。

虽然这种在导出过程中批量锐化的方式非常方便，仍然不建议读者在此使用锐化。因为效果无法即时呈现，没有本书后面章节中要介绍的“修改照片”模块中的锐化功能理想。

6. 后期处理

如果要对导出照片进行后续的编辑或者查看，则需要在“后期处理”面板中进行相关的设置，如图2-28所示。

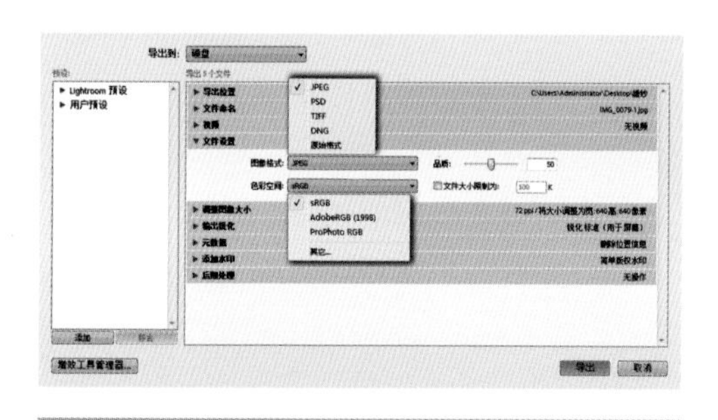

图2-25　“文件设置”面板

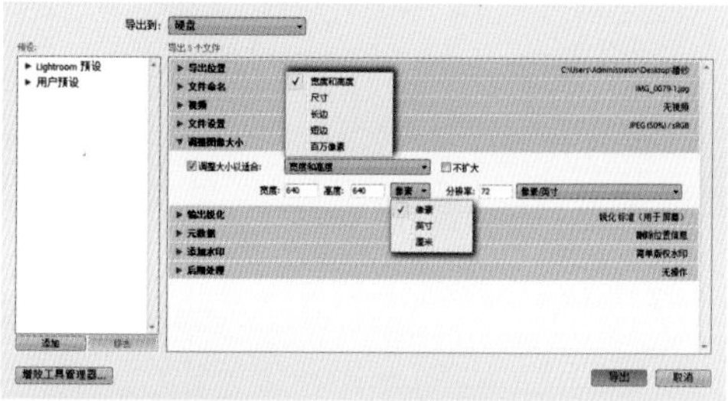

图2-26　“调整图像大小”面板

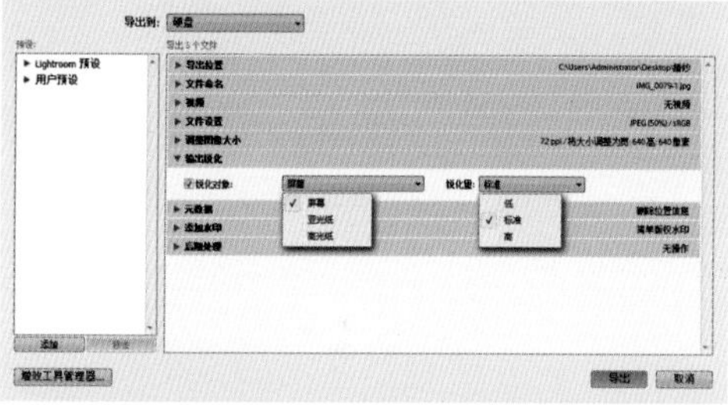

图2-27　“输出锐化”面板

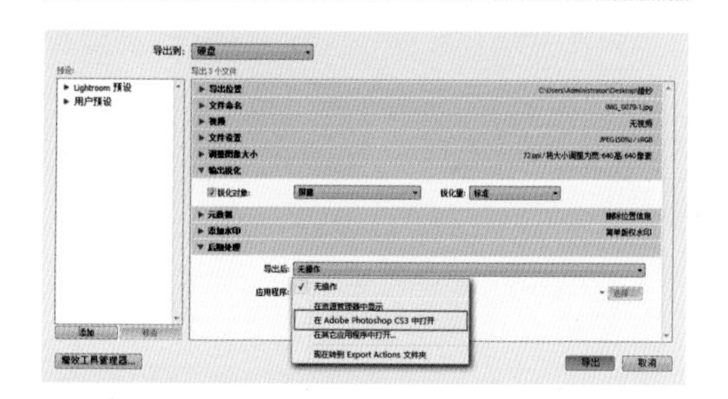

图2-28　“后期处理”面板

“后期处理”面板允许我们在导出照片以后，进入资源管理器中查看照片，或者使用其他图像处理软件（Photoshop等）对照片进行再次编辑。有关如何使用Photoshop对Lightroom处理后的照片进行再次编辑，我们将在本章后面章节中为读者进行介绍。

2.2.2　其他导出方式

上面为读者介绍了Lightroom中标准导出操作中需要设置的一些常用面板参数，除了使用标准模式导出到硬盘以外，Lightroom也提供了其他的一些导出方式。下面，我们进行简要的介绍。

1. 使用预设导出

与导入操作一样，我们不必每次都设置导入参数，可以将本次导出设定的参数应用到以后的每次导出操作中去，这就需要使用预设进行导出了。

要想使用预设导出，需要将本次导出的参数设置存储为预设。我们仍然使用上一节中设置的导出操作，然后进入到“导出”对话窗口中，在左侧“预设”一栏中，首先选择“用户预设”一项，然后单击下方的“添加”按钮，将弹出一个小的窗口，用于设置预设名称，如图2-29所示。

单击“创建”按钮以后，将在左侧“用户预设”里面增加我们刚刚存储的预设，如图2-30所示。在以后的导出操作中，我们可以根据导出照片的应用途径不同，设置多个这样的预设，然后再使用导出面板时，就可以随心所欲地应用它们了。

2. 使用“发布服务”面板导出

相对于上面介绍的导出方式，“发布服务”面板要更加灵活和快捷，该面板主要用于将Lightroom中处理后的照片直接发布到硬盘或者图片展示网站上。“发布服务”面板位于“图库”模块的左侧底部，如图2-31所示。

在“发布服务”面板上，提供了用于将照片导出到硬盘、Facebook以及Flickr网站的服务。Lightroom通过网站接口，可以快速将照片导出并上传到Facebook和Flickr的网站服务器上，但是由于这两个网站国内用户较少，所以我们在下面只介绍一下硬盘的发布方式。

图2-29　创建预设

图2-31　“发布服务”面板位于“图库”模块的左侧底部

图2-30　“用户预设”中新增预设列表

小技巧：执行菜单 “窗口” | “面板” | “发布服务” 命令，或者按键盘的 “Ctrl+Shift+4” 键，也可以展开或者卷起 “发布服务” 面板。

在图2-31中单击 “硬盘” 旁边的 “设置” 按钮，将打开如图2-32所示的 “Lightroom发布管理器” 对话窗口。我们注意到，这个管理器的界面组织形式与Lightroom的导出窗口非常相似。在右侧的参数面板组中，只是增加了一个 “发布服务” 的面板，我们可以在这里输入导出的名称，然后单击下方的 “存储” 按钮。

完成以后，回到软件的 “图库” 模块中，此时在 “发布服务” 面板的 “硬盘” 已经变成了我们命名后的效果，如图2-33所示。

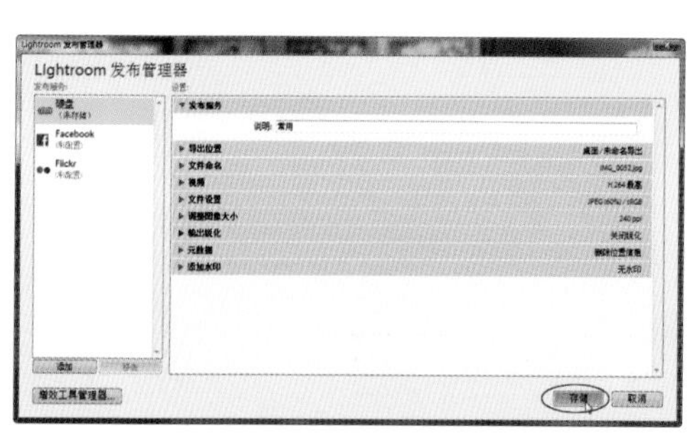

图2-32 “发布管理器”对话窗口

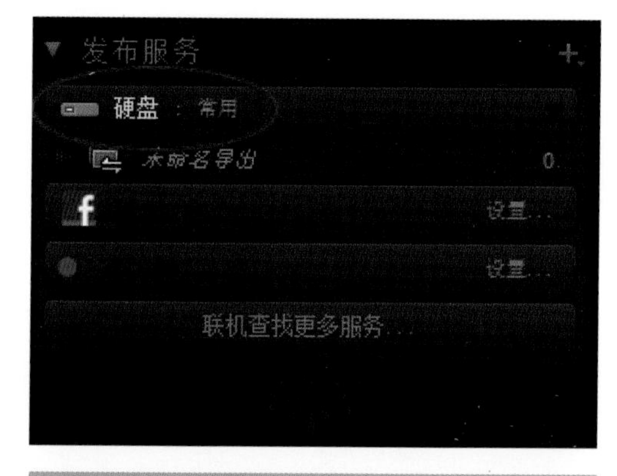

图2-33 “发布服务”面板

在后期使用 “图库” 选择要导出的照片后，可以直接选择照片拖曳到 “发布服务” 面板中，非常方便，如图2-34所示。

我们可以多次导入照片，并在这些照片中选择要导出的照片，然后多次将照片拖曳到 “发布服务” 面板中，将所有要导出的照片整理完成以后，单击 “图像工作区” 右上角的 “发布” 按钮，将这些照片一起进行导出，如图2-35所示。

“发布服务” 面板也允许我们按照上述的方式创建多个预设，满足不同的导出操作。下面，我们简要介绍一下具体操作过程。首先在 “发布服务” 上双击 “硬盘” 卷展栏，重新进入到 “Lightroom发布管理器” 中，在左侧单击 “添加” 按钮，在弹出

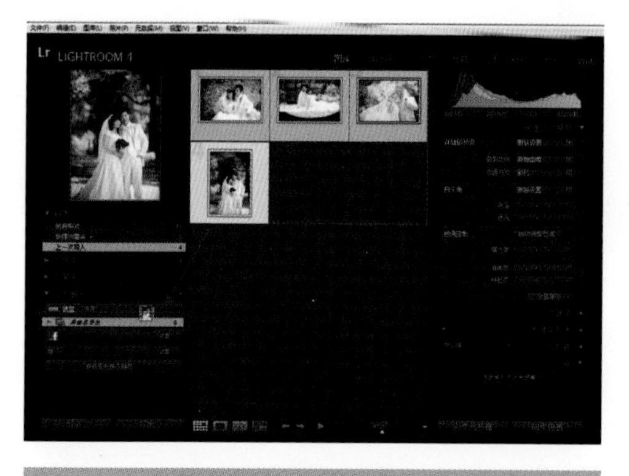

图2-34 拖曳照片到“发布服务”面板上

图2-35 将照片进行发布

的对话窗口中，设置一个新的预设名称，如图2-36所示，并根据需求重新设置导出参数。

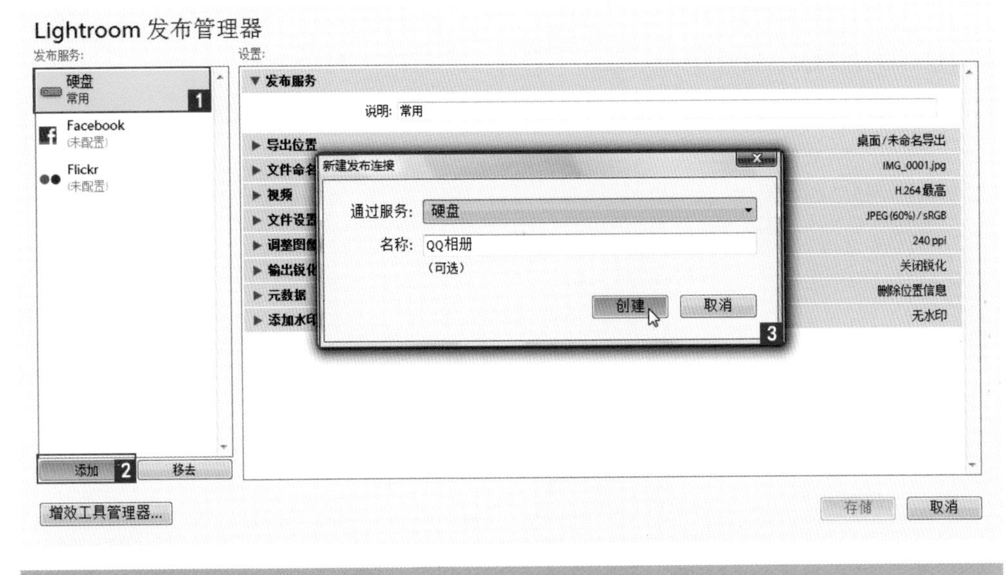

图2-36　创建新的预设

重新回到“图库”模块中，“发布服务”面板下方将新增一项以“QQ相册”命名的“硬盘”卷展栏，如图2-37所示。我们可以将一些用于QQ相册发布的照片拖曳到这个卷展栏中，然后进行导出操作。

图2-37　“发布服务”面板

3. 导出到Photoshop中进行再处理

Lightroom毕竟不是万能的，因此很多时候我们往往要借助于Photoshop强大的图像处理功能，完成一些Lightroom无法实现的效果。那么，我们需要了解如何将Lightroom中的照片导出到Photoshop中进行编辑和处理。

要想将Lightroom中的照片导出到Photoshop中，需要确保当前软件处于“图库”模块或者“修改照片”模块状态。首先在图像工作区选择一幅照片，然后单击鼠标右键，在弹出的菜单中执行“在应用程序中编辑”|“在Adobe Photoshop中编辑”命令，如图2-38所示，Lightroom会自动查看本地机器中所安装的Photoshop版本。

接下来，将弹出一个设置编辑方式的对话窗口，如图2-39所示。

其中共有3项编辑方式可供用户使用，它们的作用如下：

编辑含Lightroom调整的副本：将在Lightroom中进行的调整后的效果存储为一个副

本文件，然后将该文件发送到Photoshop进行编辑。推荐使用这一项进行操作。

编辑副本：将原始照片复制一个副本，并将该副本发送到Photoshop中，所以这个副本不带有在Lightroom中处理的效果。

编辑原始文件：直接将原始照片文件发送到Photoshop中。

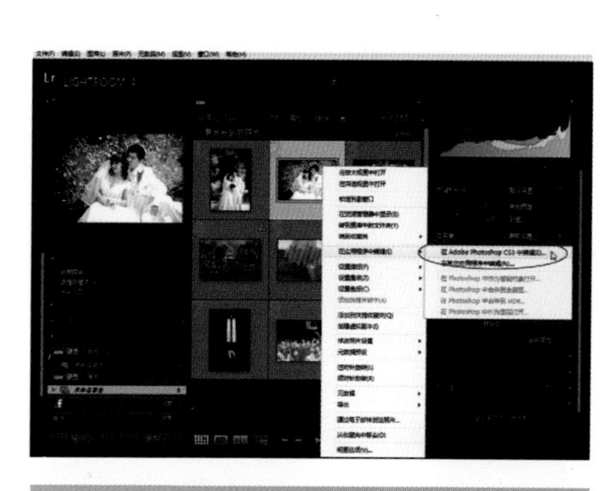

图2-38　执行右键菜单命令

使用 Adobe Photoshop CS3 编辑照片

编辑对象

◉ 编辑含 Lightroom 调整的副本

将Lightroom 调整应用于文件的一个副本，然后编辑该副本。此副本不会包含图层或Alpha 通道。

◎ 编辑副本

编辑原始文件的副本。Lightroom 调整将不可见。

◎ 编辑原始文件

编辑原始文件。Lightroom 调整将不可见。

▶ 复制文件选项

编辑　取消

图2-39　设置编辑方式的对话窗口

当我们确定使用“编辑含Lightroom调整的副本”编辑方式时，在该窗口的下方，还会出现一个“复制文件选项”，在这里设置如何处理这个副本照片，如图2-40所示。

下面，我们简述它们的作用。

文件格式：可以将照片以PSD格式或者TIFF格式导出到Photoshop中。在这里建议选择PSD格式，毕竟这种格式是无损压缩的。

色彩空间：可以在导出过程中设置照片的色彩空间，共有ProPhoto RGB、Adobe RGB（1998）和s RGB。ProPhoto RGB色彩模式只有在24位的RAW文件中才能产生效果，而Adobe RGB（1998）适用于印刷品使用，所以对于大多数用户来讲，使用s RGB既可以在各种不同媒介中通用，又可以保证照片的颜色不产生差别，所以建议使用最后这种色彩空间模式。

位深度：Lightroom提供8位和16位的图像位深度，但是后者的处理速度较慢，所以没有太高要求的话，建议都选择使用8位一项。

我们大可不必每次导出到Photoshop中都进行上述设置，也可以在系统内环境中将这些导出参数都调整完成。执行菜单“编辑”|“首选项”命令，在弹出的对话窗口中，单击上方“外部编辑”选项卡，然后在其中一样可以设置导出Photoshop时的文件处理方式，如图2-41所示。

将图2-40的参数调整完成以后，单击下方的“编辑”按钮，电脑将自动将选定的照片导出到Photoshop中进行再编辑。在这个过程中，Lightroom下方的“照片显示窗格”里面将新增一张“照片名称-编辑.PSD”的新文件，如图2-42所示。它并不是增加的一张新照片，而是我们选定的照片副本。

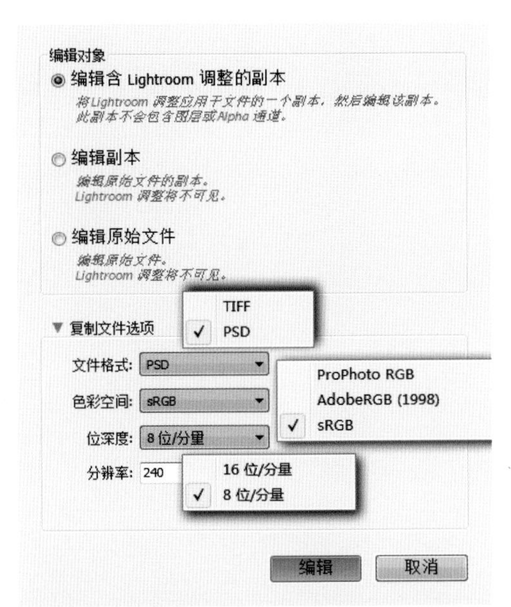

图2-40　复制文件选项

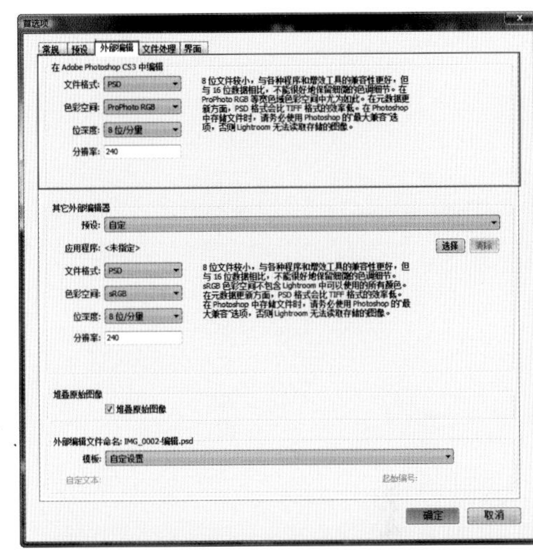

图2-41　在“首选项”面板中设置外部软件处理方式

图2-42　在照片显示窗格中新增的照片副本

所示。

例如，我们在这个菜单中选择“关键字”，则出现一个输入字段框，可以输入词或者词组。把鼠标放在缩略图上，然后单击，即可添加关键字。再次单击缩略图，则删除关键字或者利用喷涂工具添加其他内容。完成以后，单击工具条上的空白圆圈，将把喷涂工具放回原处。

3. 排序工具

排序工具可以设置网格视图和照片显示窗格中照片的排序方式，其中的选项可以通过单击“排序依据”后面的小三角，在弹出的菜单中选择，其中的选项包括拍摄时间、长宽比等，如图3-17所示。

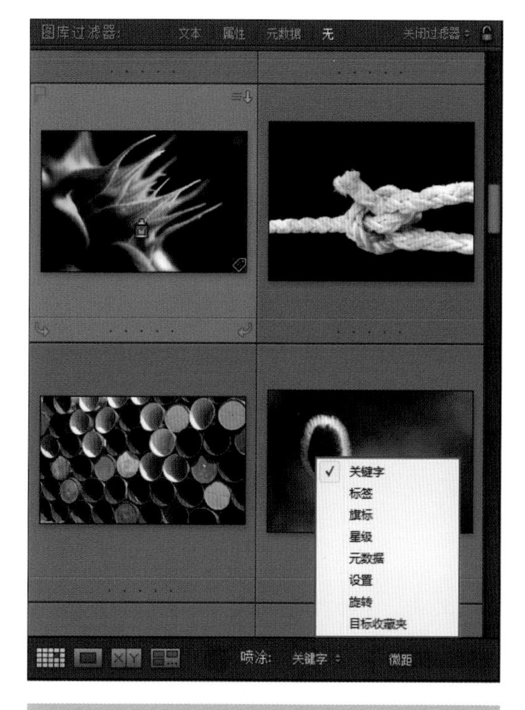

图3-16　添加喷涂选项

图3-17　选择排序方式

4. 评定和标记工具

在Lightroom中，评定或者标记照片时，存在3种截然不同的方法：星级评定等级、旗标、色标，如图3-18所示。

图3-18　照片评定的3种方法

这些评定工具都位于工具条上，根据视图首选项的设置，也可以直接从缩略图应用星级评定等级，还可以使用喷桶工具的弹出菜单中进行设置，在单个或者选定的缩略图上应用旗标、色标或者星级评定等级。

另外，使用快捷键是进行这些评定行之有效的方式：

- **星级评定：**输入数字0～5，可以分配对应数量的星。

● **旗标**：P表示“留用”、U表示“无旗标”、X表示“删除”。

● **色标**：除了紫色以外，每种颜色都有一个对应的键。6代表红色、7代表黄色、8代表绿色、9代表蓝色。

5. 其他工具

除了上面介绍的工具以外，在工具条后端还有旋转工具、选择照片工具、幻灯片播放工具以及缩览图滑块3个工具，如图3-19所示。

图3-19　工具条中的其他工具

我们可以使用工具条的旋转工具对照片进行顺时针或者逆时针方向的改变。利用多个选项可以实现照片的批量旋转。

单击图中的向左和向右的箭头符号，将选择照片的上一张或者下一张照片。

单击图中的三角形，将启动选定图像的无序播放。幻灯片的外观在“幻灯片放映”模块中确定，我们将在本书后面为读者介绍。

最后一个工具是图中所示的滑块，它控制缩略图在网格视图中的大小。

3.1.3　缩略图的选择技巧

选择缩略图时，除了可以把鼠标放在缩略图上然后单击以外，还有很多选择方法。鼠标的位置和所使用的键对选择具有很大影响。

如图3-20所示，在图库模块的网格模式下，把鼠标放在左边的第一个缩略图上，然后单击，这个缩略图现在成为活动照片，从其灰色边框变亮即可看到这一点。

图3-20　选择缩略图

按住键盘的“Ctrl”键，把鼠标移动到最右边的缩略图上，然后单击，这两个缩略图现在都被选中，但它们之间的缩略图还没有选中，这时只有最左边的缩略图是活动的，它的灰色边框比较亮，如图3-21所示。

按住键盘的“Shift”键，把鼠标移动到最右侧的缩略图，然后单击。现在，最左边和最右边的缩略图之间的所有照片也都被选中，如图3-22所示。同样，这时只有最左边的缩略图是活动的，它的灰色边框最亮。

所谓活动的照片，意味着这张照片是其他被选中照片同步的基准，这一点我们将在后面为读者详细介绍；所谓选中的照片，意味着这些照片可以一起被应用预设等操作。

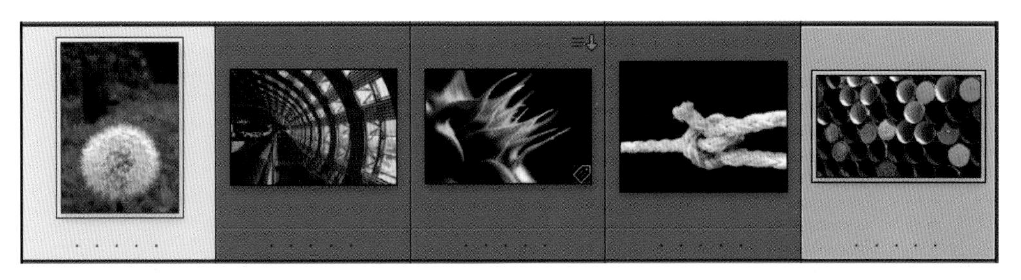

图3-21　使用“Ctrl”键加选缩略图

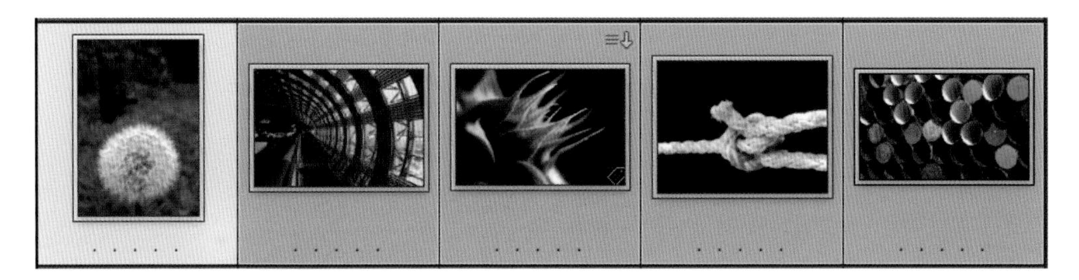

图3-22　使用“Shift”键多选缩略图

在选中多个缩略图的情况下，要取消对一个缩略图的选择，应当按住键盘的“Ctrl”键，然后单击该缩略图。要取消一个缩略图之外其他所有缩略图的选择，只需要在选中的缩略图区域之外的边框上单击，如图3-23所示。如果在这个缩略图的图像区域上单击，那么它将成为活动图像，同时其他缩略图仍然保持选中状态。

图3-23　在缩略图边框上单击

把鼠标放在图像区域上，单击并拖曳时，可以看到缩略图的微缩版本将随着鼠标指针移动，如图3-24所示。可以把这个缩略图（或者多个缩略图，如果已经选中的话）移动到另外一个位置，或者放入左侧面板中的文件夹或收藏夹。

选择照片显示窗格中的缩略图类似于选择网格模式中的缩略图，如图3-25所示。这时可以选择的照片数量以及效果与工作区中的视图模式（网格、放大、比较或筛选）有关。

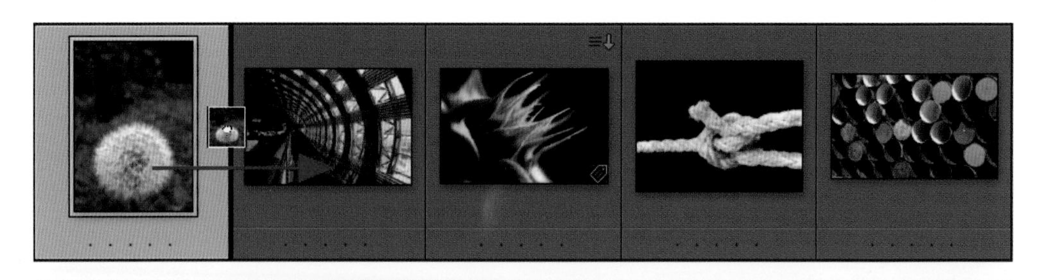

图3-24 拖曳缩略图

图3-25 在照片显示窗格上拖曳缩略图

3.1.4 缩略图中的照片信息

对Lightroom进行设置以后，通过观察网格视图下的缩略图，可以了解大量有用的信息。默认情况下，Lightroom选中的是“显示额外信息”。如果不需要缩略图显示其他信息，可以执行菜单“视图”|“网格视图样式”命令，然后取消“显示额外信息”的选择，如图3-26所示。

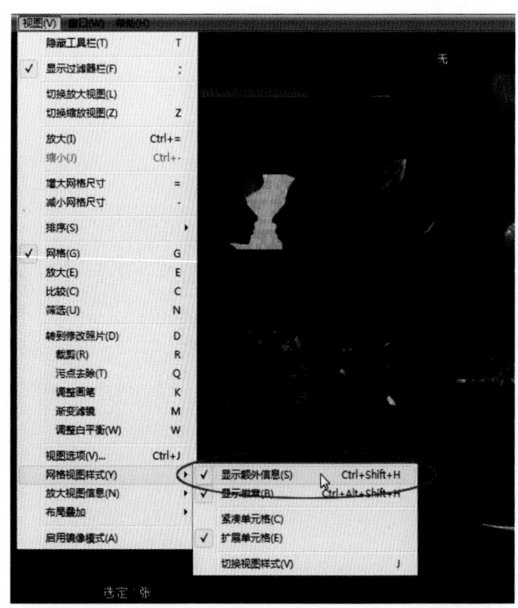

图3-26 执行“显示额外信息”命令

小技巧：要切换视图样式，也可以按键盘的“J”键。

要准确地确定缩略图中显示的信息，应当首先从菜单中执行“视图”|“视图选项”命令，或者右击缩略图，然后从弹出菜单中选择“视图选项”。如果选择的是“显示网格额外信息”和“扩展单元格”，那么缩略图的边框将比较大，与选择“紧凑单元格”时相比，这时可以显示更多信息，如图3-27所示。其中包含许多选项，如“包含快捷收藏标志”“文件名”“当前尺寸”等。无论是在主观察区还是在幻灯片

中，都可以在可见的缩略图上实时观察选择的结果。

例如，以图3-28中显示的“扩展单元格”缩略图为例，它显示的仅仅是部分额外数据。

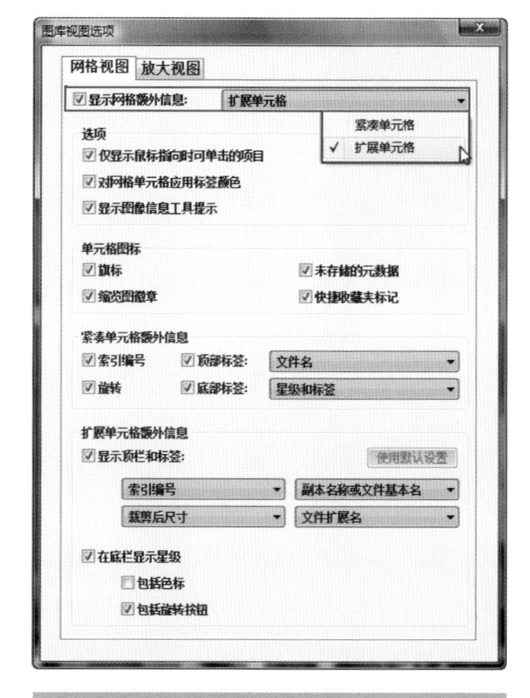

图3-27　设置“视图选项”

图3-28　“扩展单元格”缩略图

1 显示版权信息和以像素为单位的当前图像尺寸。

2 显示旗标。

3 显示文件名和扩展名。

4 显示左右旋转图标。如果在视图选项中选择了“显示可能用鼠标单击合起的项目”，那么只有在鼠标移动到缩略图上时，这些图标才会出现。

5 显示星级评定等级和色标。单击适当的数字键，可以直接在缩略图中添加或者减少星级评定等级。单击色标，将弹出色彩列表。

6 显示缩略图徽章，它们从左到右分别表示元素局、裁切和照片修改。单击其中某个图标，即可切换到适当的模板或者面板。

如图3-29所示，“紧凑单元格”缩略图（左图）显示的额外信息较少，而其边缘周围的面积小于“扩展单元格”视图（右图）。

小技巧：利用工具条中的滑块（快捷键“T”），可以改变缩略图的大小。如果缩略图太小的话，则无法看到此处介绍的数据。

图3-29　两种缩略图的对比效果

3.1.5　使用过滤器对照片快速筛选和查找

当我们将照片使用前面的方法评级和标记以后，接下来就需要将同一类型的照片筛选和查找出来。在Lightroom中，查找和筛选照片主要使用过滤器来完成。

“图库过滤器”位于“图库”模块的网格视图顶部，其一共提供了3种照片过滤模式：文本、属性和元数据，如图3-30所示。

可以选择使用任一模式，或者组合使用这些模式以执行更复杂的过滤：单击任一模式名称可显示或隐藏其选项，这些选项处于打开状态时，其模式标签呈白色；可一次打开1种、2种或所有3种过滤器模式；按住键盘的“Shift”键单击第2个或第3个标签，可以一次打开多种模式，如图3-31所示；单击“无”可隐藏并关闭所有过滤器模式。

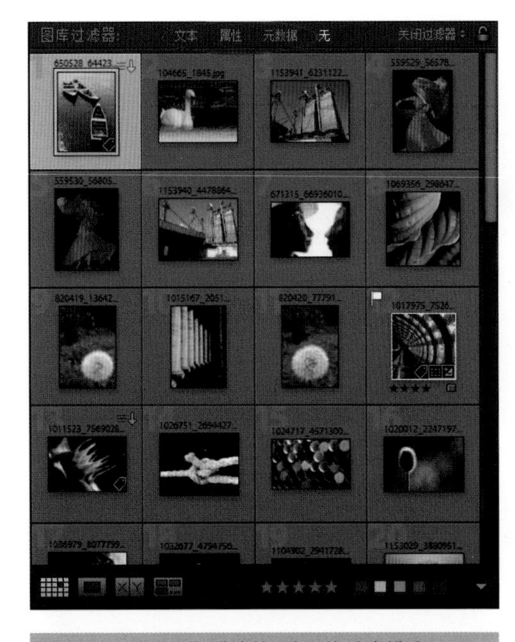

图3-30　“图库”模块的3种照片过滤模式

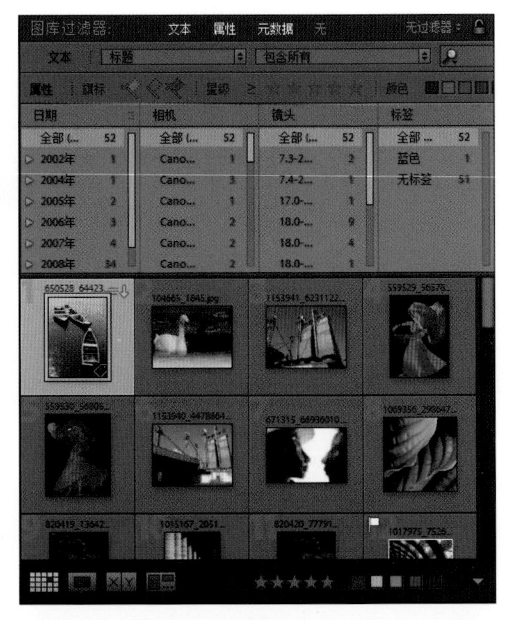

图3-31　打开多种过滤模式

1. 使用文本过滤器筛选照片

我们可以使用文本过滤模式搜索任何照片中相同的元数据文本字段，包括文件名、题注、关键字以及 EXIF 和 IPTC 元数据等，如图3–32所示。

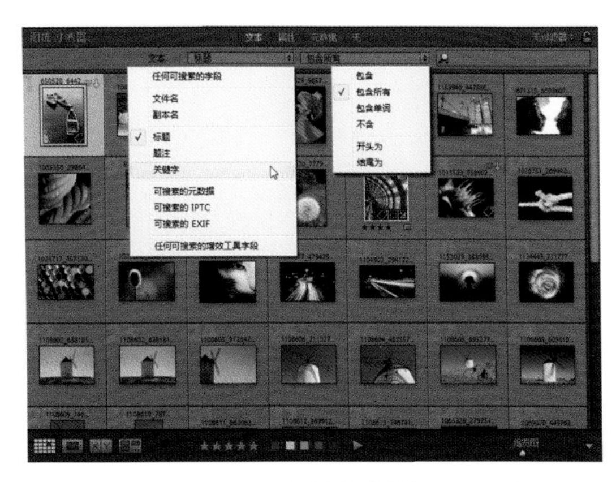

图3-32　文本过滤模式

在文本过滤器中，首先指定搜索条件和关键字，然后软件会自动在整个目录或者选定照片中搜索满足条件的照片，找到的照片将显示在网格视图和照片显示窗格中。

搜索过程的参数设置共分为3个步骤，首先需要在“文本”框后单击上下的小三角符号，在弹出的菜单中指定搜索内容；然后单击“包含所有”后面的小三角符号，在弹出菜单中指定搜索条件；最后在文本输入框中输入搜索的关键字。

2. 使用属性过滤器筛选照片

使用“图库过滤器”栏上的“属性”模式，可以按照旗标状态、星级、色标和副本过滤照片，照片显示窗格中也提供了“属性”选项，如图3–33所示。

图3-33　属性过滤模式

在属性模式下，我们可以直接单击上方旗标、星级以及色标的按钮，来确定照片的搜索范围，也可以将上述3个条件放在一起使用。

3. 使用元数据过滤器筛选照片

可以使用“图库过滤器”栏上的“元数据”选项，选择特定元数据标准来查找照片，如图3–34所示。

元数据模式默认状态下使用“日期”“相机”“镜头”“标签”4种元数据来划定查找照片的条件，并且根据当前缩略图中照片的情况，自动根据条件归类，我们只需要单击每个类别，该条件下的照片将自动被筛选出来。

元数据模式最多支持8种条件的筛选，我们可以对当前条件进行修改或者增加新的条件。在当前模式下，进入到“条件列”的右侧，单击“小三角”符号，在弹出的菜单中选择“添加列”命令，如图3-35所示。

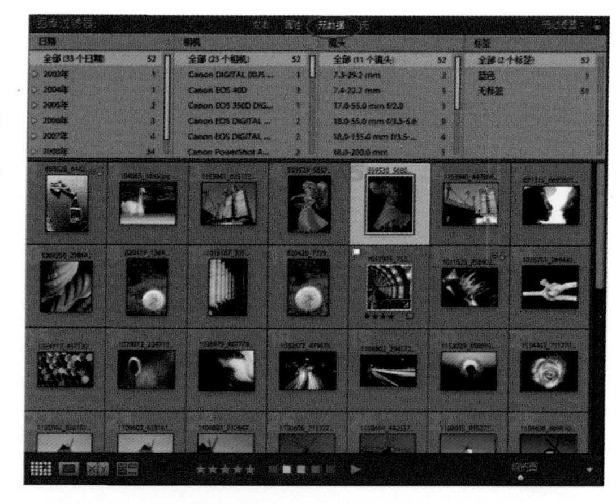
图3-34　元数据过滤模式

完成以后，将增加一个空白的“条件列”，单击“列”的名称位置，可以在弹出的菜单中选择一种元数据，如图3-36所示。要删除该列，可以在图3-35中选择“移去此列”命令。

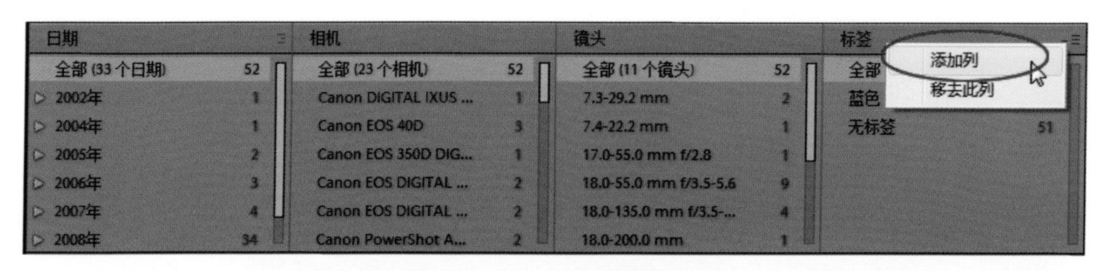

图3-35　添加列

4. 使用预定义过滤器筛选照片

除了上面介绍的几种常用过滤器模式以外，Lightroom中还提供了几个预定义过滤器，用于快速执行常用过滤器和恢复默认设置。

在过滤器模式的右端，单击“小三角”符号，将弹出一个菜单，如图3-37所示。

在该菜单中，提供了一些预设过滤器模式，其中有一些包括在上述介绍的3种常用模式当中，还有一些具有特殊的作用：

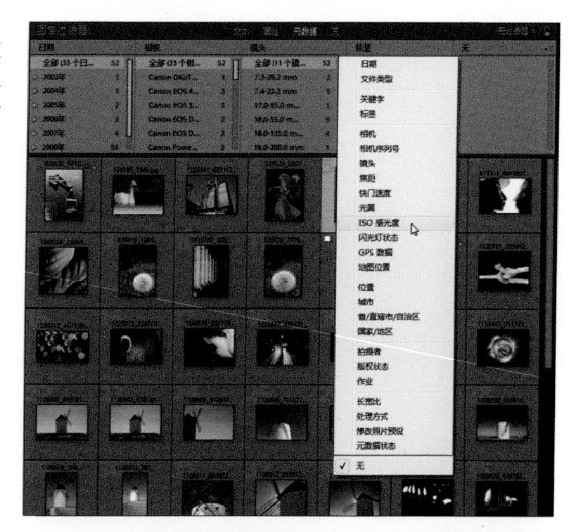
图3-36　选择一种元数据

● **留用：**显示带“留用”旗标的照片。

● **地点：**按“国家/ 地区”“省/ 直辖市/ 自治区”“城市”和“位置”元数据类别过滤照片。

● **有星级**：显示带一个或更多星级的照片。

● **无星级**：显示不带星级的照片。

图3-37　预设过滤器模式

3.2　参数面板组

“图库”模块的参数面板组分布于界面的左侧和右侧，它们用于更加灵活地控制照片的筛选以及位置的确定。

3.2.1　“目录”面板

我们先从界面的左侧面板组开始介绍，首先映入眼帘的是“目录”面板，如图3-38所示。“目录”面板包含3个目录，单击其中任意一个目录，对应的缩略图将出现在图库工作区中。

● **所有照片**：显示活动图库中所有图像的总数。

● **快捷收藏夹**：显示保存在快捷收藏夹中的图像数量。有关快捷收藏夹的使用，在本章后面会有详细的介绍。

● **上一次导入**：只包含上次导入的照片。

3.2.2　“文件夹”面板

“文件夹”面板中的名称是基于最初的导入操作时设置的名称。文件夹名称右侧的数字表示文件夹中文件的数量。单击文件夹名，图库工作区中将显示对应的缩略图，如图3-39所示。

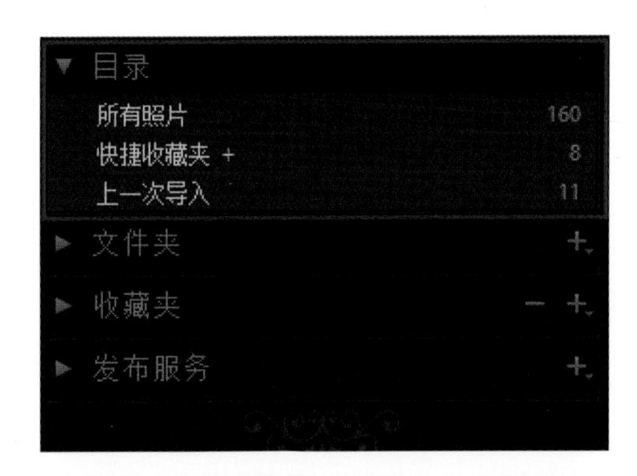

图3-38 “目录”面板

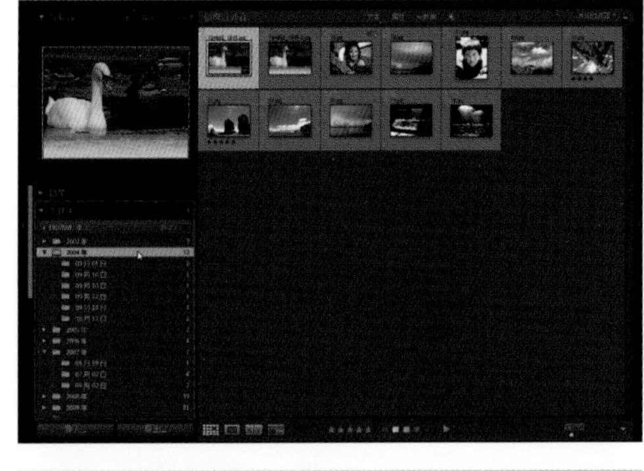

图3-39 “文件夹”面板

在文件夹面板中，可以移动和改变文件夹的次序，或者重命名文件夹。但是，在执行这些操作时要意识到，Lightroom实际上必须在硬盘上移动或者改变原始文件夹。

重命名一个文件夹时，要把鼠标放在文件夹名称上，然后双击，输入新的名称，或者右击这个文件夹的名称，在弹出的菜单中执行“重命名”命令，如图3-40所示，然后输入新的名称。

要移动一个文件夹，应把鼠标放在文件夹名称上，然后单击并把这个文件夹拖曳到新的位置，也可以把它拖曳到另外一个文件夹的顶部创建一个子文件夹。文件夹名称旁边的三角形表示其中包含子文件夹。子文件夹中还可以再次嵌套文件夹。可以使用弹出菜单删除不需要的文件夹。把文件夹移动到新位置时，Lightroom必须同时移动原始文件夹，如图3-41所示。

图3-40 执行“重命名”命令

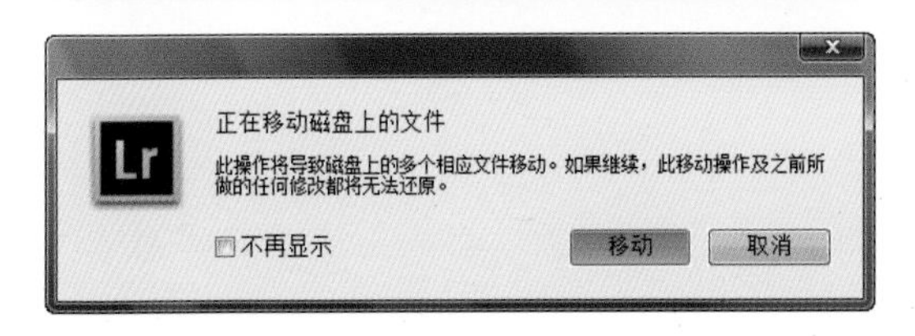

图3-41 移动文件夹时的提示信息

3.2.3 “收藏夹”面板

顾名思义，收藏夹基于用户确定的条件收藏图像。收藏夹的数量可以根据需要创建，而且一个图像可以位于多个收藏夹中，如图3-42所示。

在收藏夹面板中，也可以来回移动收藏夹，创建子收藏夹。这时只需要把一个收藏夹拖曳到另外一个收藏夹的顶部。

1. 使用收藏夹管理照片

“收藏夹”面板可以根据用户设定的必要条件，对照片进行精细的管理，可以方便我们在后期精确定位照片。下面，我们来介绍一下如何使用这个面板收藏已经评定完等级的照片。

假设，我们导入一些照片，并将其中的一些进行了等级的评定，可以使用色标、旗标或者星级评定3种方式。读者可以自由发挥，不限定具体的操作。在此我们将其中的一些照片设定为4星，如图3-43所示。

图3-42 “收藏夹”面板

图3-43 设定照片的等级和评定

接下来，我们将星级评定的照片筛选出来。进入到图库工作区上方的过滤器中，将筛选模式设定为“属性”，然后将筛选条件设定为“≥4星”，如图3-44所示。这样在图库工作区中，所有前面被我们标识为4星的照片就被单独显示出来了。

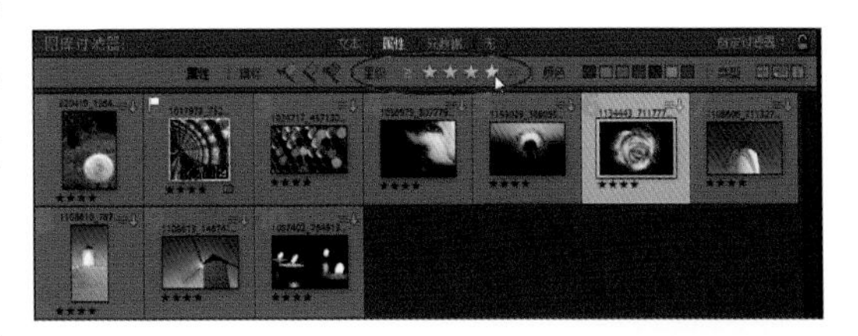

图3-44 设定筛选条件

下面，我们考虑将这些照片单独收藏起来。进入到左侧“收藏夹”面板中，单击面板右端的“+”符号，在弹出的菜单中执行“创建收藏夹”命令，如图3-45所示。然后在弹出的对话窗口中，设定收藏夹的名称以及位置，之后单击窗口下方的“创建”按钮。

图3-45 创建收藏夹

下面，我们就可以将标记为4星的照片，放在该收藏夹中了。进入到图库工作区中，将被过滤出来的4星照片全部选择，或者按键盘的“Ctrl+A”键，然后使用鼠标将它们都拖曳到左侧“收藏夹”面板中新建的收藏夹里面，如图3-46所示。

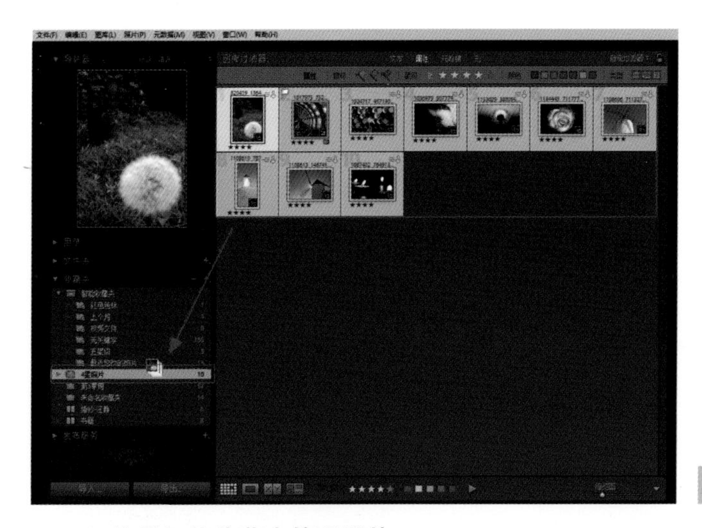

图3-46　将照片拖曳到收藏夹中

2. 使用智能收藏夹管理照片

我们注意到，当创建完收藏夹后，需要手动筛选照片，并将照片拖曳到已创建的收藏夹中，这个操作还有些麻烦。实际上，如果我们使用智能收藏夹来管理照片，则省去了筛选照片和拖曳照片的操作过程，更加方便和准确。

在“收藏夹”面板中，有一个“智能收藏夹”的目录，里面提供了几个Lightroom设置好的预设，如图3-47所示。如果我们想按照自己的想法收藏照片，则需要自己创建智能收藏夹。

与创建普通收藏夹类似，我们需要单击“收藏夹”面板右端的“+”符号，然后在弹出的菜单中执行“创建智能收藏夹”命令，如图3-48所示。

图3-47　智能收藏夹

图3-48　创建智能收藏夹

接下来，将弹出“创建智能收藏夹”的对话窗口，如图3-49所示。

在该对话窗口中，“名称”和“位置”分别用于设定智能收藏夹的名字和位置。“智能收藏夹”的精华设置内容主要集中在对话窗口的下半部分。“匹配”一项用于确定智能收藏夹的收藏条件，单击下拉菜单将得到3个条件，分别为“任一”“全部”“无一”。它们从字面上也容易理解，“任一”代表图库工作区中的照片只要满足当前对话窗口下方的任一个条件，都将被收藏；“全部”则需要满足全部条件；

“无一”代表照片不能存在列表中的任何一个条件。

智能收藏夹可以设定的条件有很多，几乎罗列了一幅照片中元数据保存的任意信息，单击“匹配”下方的下拉菜单，将得到如图3-50所示的选项，即使这个菜单没有将所有选项显示出来，依然能看到其全面而众多的可筛选条件。在条件选项确定以后，还可以根据后面的下拉菜单，对当前条件进行范围的设置。下面，我们通过一个简单的练习，掌握一下如何使用智能收藏夹来筛选照片。

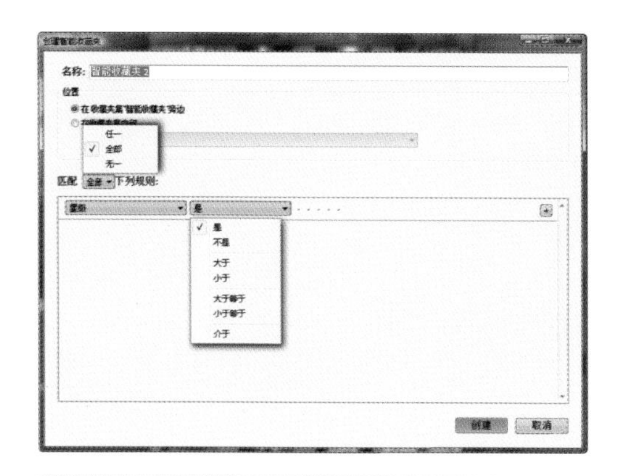

图3-49 “创建智能收藏夹”对话窗口

图3-50 智能收藏夹的设定条件列

首先，在以缩略图模式显示的工作区中，我们评定了一些照片，其中既有使用4星评定的，也有使用绿色色标评定的，还有既带有4星标识又是绿色色标的照片，如图3-51所示。当然，我们可以使用工作区上方的筛选器将两种照片按照评定的条件筛选出来，但是使用智能收藏夹要更加灵活。下面，我们来介绍一下如何新建筛选条件的智能收藏夹。

进入到左侧“收藏夹”面板中，单击面板名称右端的“+”符号，然后在弹出的菜单中执行“创建智能收藏夹”命令，如图3-48所示。在弹出的“创建智能收藏夹”对话窗口中，分别设定收藏夹的名称以及存储位置。现在假设我们需要将带有4星或者绿色标识的照片都放在一起，那么在“匹配”一项中，设定“任一”作为筛选条件；进入到下方条件列表中，将星级的筛选条件设定为4星；单击右侧的“+”号，增加一个筛选条件为“标签颜色”，然后将颜色设定为绿色，如图3-52所示。

将上述参数设置完成以后，单击对话窗口下方的创建按钮并回到“图库”模块中。此时在收藏夹中将增加一个我们创建的智能收藏夹，并且在工作区中，所有满足上述参数设置的照片都将被筛选出来，如图3-53所示。

图3-51　为照片设定星评和等级

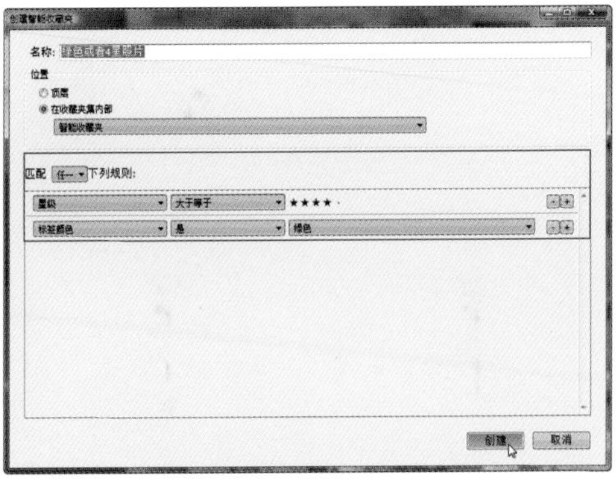

图3-52　设定智能收藏夹的筛选条件

图3-53　满足条件的照片会自动被包含到智能收藏夹中

3.2.4　“关键字”和“关键字列表”面板

所谓关键字是一些词或词组，它们描述照片的内容或者与图像相关联。可以把关键字添加到照片上，这些关键字随后将和照片文件关联起来。关键字可以应用于单个照片或一批选定的照片。在Lightroom中，用于使用“关键字”面板创建和管理关键字；使用“关键字列表”面板筛选带有指定关键字的照片，如图3-54所示。

1. 使用“关键字”面板

“关键字”面板共由3个部分组成，分别为“关键字标记”“建议关键字”以及“关键字集”，如图3-55所示。

其中，“关键字标记”主要用于在照片中添加关键字；“建议关键字”相当于一个预设，其中存储了曾经使用过的一些关键字；“关键字集”相当于一个数据库，可以向特定照片中添加的多个关键字合并成集，方便后期查找和使用这些关键字以及照片。

为照片添加关键字非常简单，首先在工作区的缩略图中选择一幅照片，然后进入到“关键字”面板中，在“关键字标记”下方的文本输入区中输入文字并回车即可，如图3-56所示。键入关键字的照片缩略图右下角将出现表征关键字的“画笔”符号。如果要删除这个关键字，那么仍然选择该照片，进入该文本输入区中，将文字删除即可。

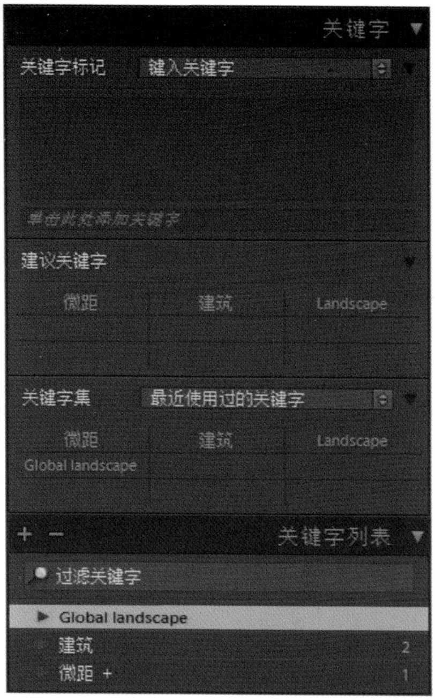

图3-54 “关键字”和“关键字列表”面板

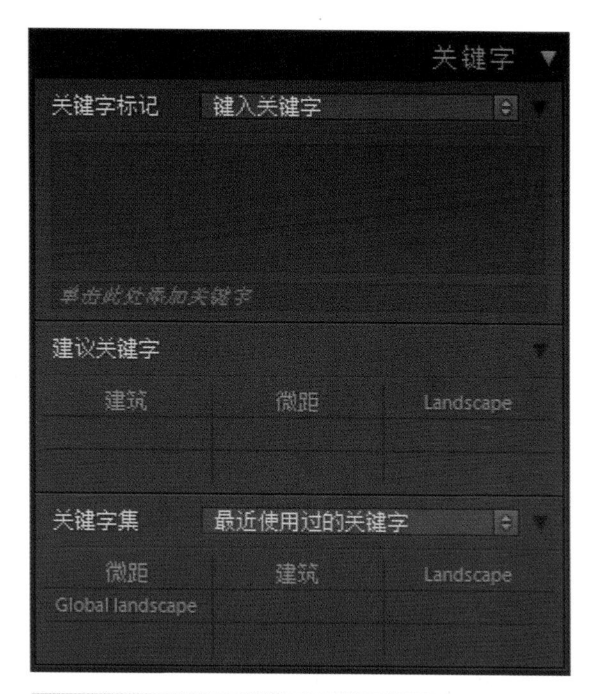

图3-55 “关键字”面板

如果要为多幅照片添加同样的关键字，不用再重复上述操作。假设我们要为另外一张照片添加图3-56使用过的关键字，那么在工作区中选择这幅照片，此时进入到“关键字”面板中观察，我们会发现“建议关键字”下方会出现上面使用过的这个关键字，直接单击该字段，就可以为当前新的照片添加同样的关键字了，如图3-57所示。

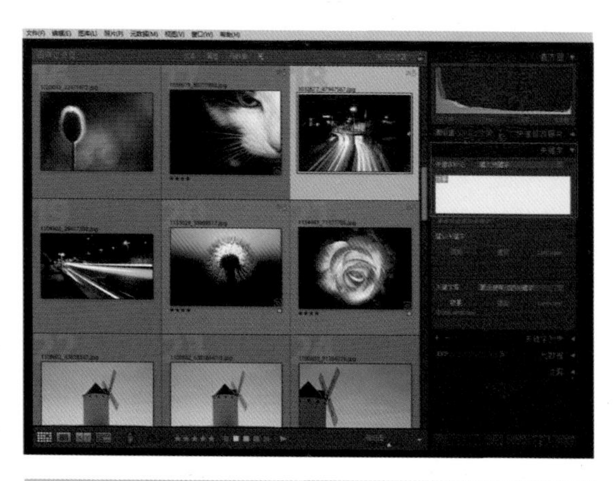

图3-56 输入关键字

也可以使用工具条中的“喷涂”工具快速为照片添加关键字。首先在工具条中将“喷涂”工具显示出来，然后单击该工具，并设定喷涂方式为“关键字”，在后方文本输入框中输入打算使用的关键字，然后进入到工作区中，在照片上单击即可，如图3-58所示。

小技巧：使用“喷涂”工具快速删除关键字，可以按下键盘的“Alt”键将“喷涂工具”更改为橡皮擦。使用橡皮擦再次单击该张照片，或单击并拖动划过多个照片，就可以将照片上的关键字去除了。

使用“关键字集”也比较方便，因为这样可以轻松访问相关的关键字标记，如图

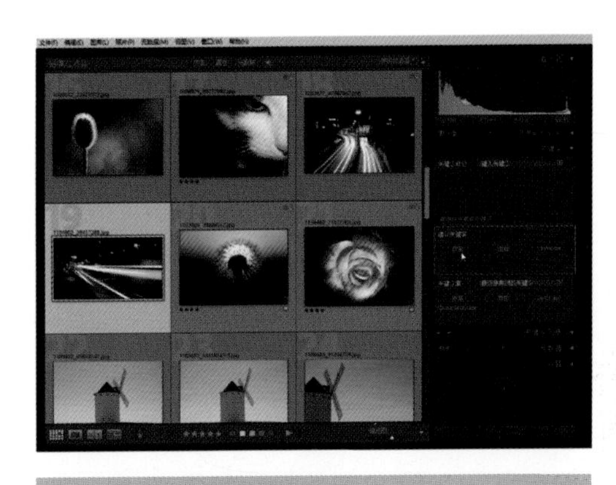

图3-57　为照片添加关键字

图3-58　用“喷涂”工具为照片添加关键字

3-59所示。例如，我们可以为特定活动、地点、人物或任务创建含有多达9个关键字标记的关键字集。

默认状态下，“关键字集”中显示的是最近使用过的一些关键字，我们可以单击上方的小三角符号，在弹出的菜单中选择系统预设的一些集合，或者自己来创建符合个人风格以及工作习惯的关键字集，如图3-60所示。

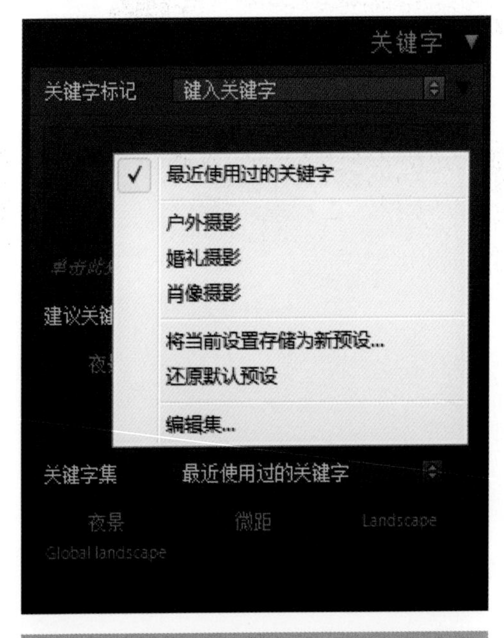

图3-59　使用“关键字集”

图3-60　常用关键字集

图3-61　“关键字列表”面板

2. 使用“关键字列表”面板

“关键字列表”面板如图3-61所示，其中会将目录中所有曾经使用过的关键字排列出来。关键字后方的数字代表使用该关键字的照片数量，单击数字后方的箭头将把这些照片筛选出来，非常方便和快捷。

3.2.5 “元数据”面板

EXIF元数据主要是相机中包含的固定信息，IPTC元数据是用户输入集合类别的数据。观察和处理元数据的位置使用“元数据”面板完成。利用“元数据”面板，可以查看需要的所有元数据（关键字除外，它们被列在“关键字”面板中）。单击该面板顶部的上下箭头，如图3-62所示，即可查看其中的选项，当前图中显示的是更容易管理的默认视图。

文件名：要修改文件名，应当单击该字段右侧的方框，这时将弹出一个“照片重命名”对话框，如图3-63所示。从弹出的“文件名”菜单中选择定制文本字段，然后输入新的名称。也可以选择一个预设，或者选择“编辑”，然后在弹出的编辑预设文件名中进一步定制文件名，所有修改将同时应用于原始文件。

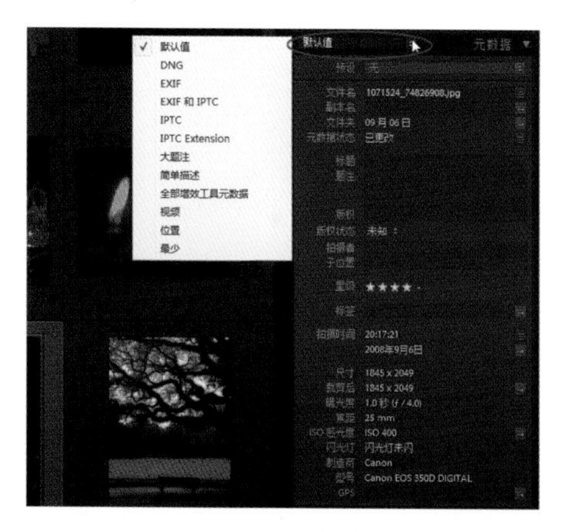

图3-62 “元数据”面板

图3-63 修改照片文件名

副本名：如果这个文件是一个拷贝，那么单击文件名右侧的箭头将切换到原始文件。

文件夹：单击这个字段旁边的箭头，将切换到文件夹面板，包含选定照片的文件夹将高亮显示，如图3-64所示。

元数据状态：如果Lightroom数据库和原始文件中的信息存在差异，则可以单击元数据图标解决这个问题。

照片信息：可以在标题、说明、版权信息、摄影师、拍摄地点的文本字段中读取、添加或者编辑它们。单击“摄影师”或“拍摄地点”右侧的箭头以后，目录中符合该条件的其他图像将出现在工作区窗口中，如图3-65所示。

星级评定色标：单击适当数量的五角星。输入色标的指定颜色，单击“标签”右侧的箭头将显示具有相同标签的照片。

摄影时间：可以修改拍摄时间，以校正不准确的时间和日期。这时应当单击“日期时间”右侧的箭头，这时将弹出“编辑拍摄时间”对话框，其中可以设置正确的时间和日期，如图3-66所示。

拍摄参数：这些内容都不能修改，不过，单击“裁切”项右侧的箭头，可以切换到

图3-64　查找照片所在的文件夹

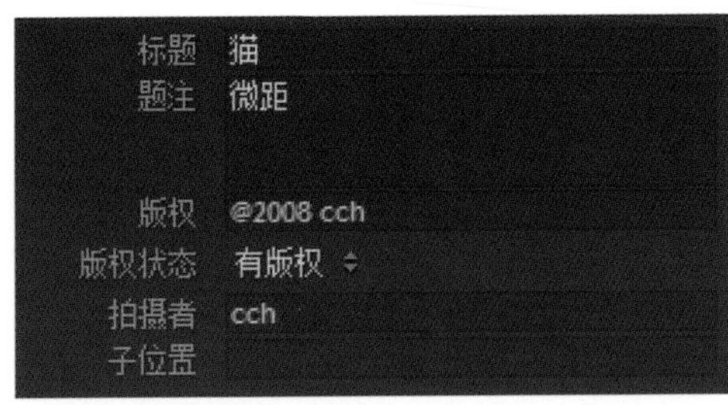

图3-65　显示照片信息

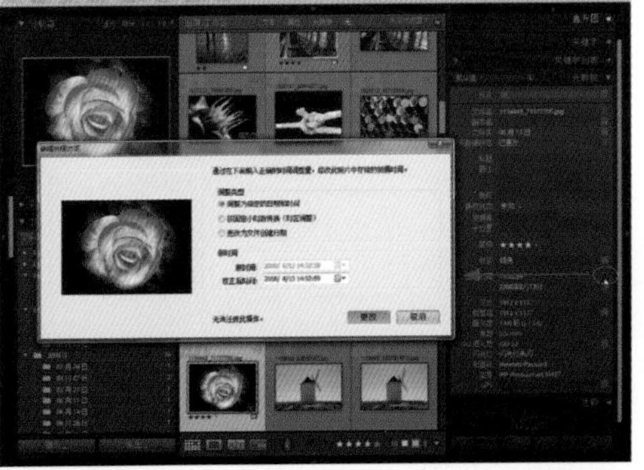

图3-66　修改照片的拍摄时间

尺寸 1912 x 1337
裁剪后 1912 x 1337
曝光度 1/60 秒 (f / 5.6)
焦距 5.5 mm
ISO 感光度 ISO 52
闪光灯 闪光灯未闪
制造商 Hewlett-Packard
型号 HP Photosmart M437
GPS

图3-67　查看拍摄参数

修改照片模块中的“裁切叠加”工具。单击ISO、型号或者镜头旁边的箭头，将显示满足相同条件的所有照片，如图3-67所示。

我们最终可以把输入的元数据保存为预设。单击“预设”右侧的上下箭头，从弹出的菜单中选择“编辑预设”，如图3-68所示，然后在“编辑元数据预设”对话框中编辑或选择数据。

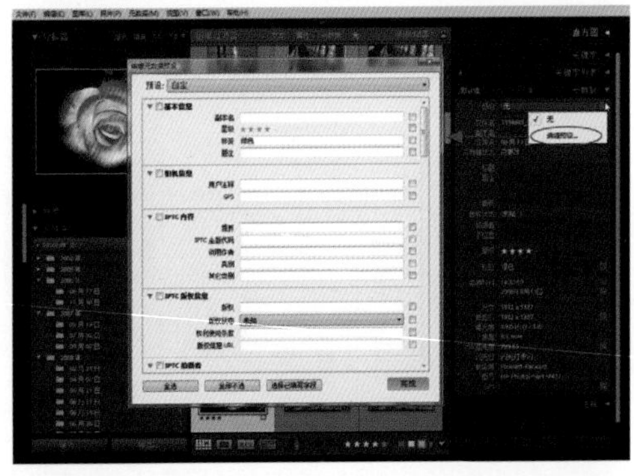

图3-68　编辑预设

3.3　“图库”模块的高级应用

除了上述介绍的“图库”模块中的主要功能以外，“图库”模块中还提供了一些强有力的工具，这些工具帮助我们更好地管理照片和处理照片。

3.3.1 使用快捷收藏夹

我们可以把“快捷收藏夹”看作是编辑会话过程中的一个临时保存区。由于快捷收藏夹的特点就是方便和快捷，所以常常是代替普通收藏夹的一个重要工具。

首先在图库工作区的缩略图中选择一幅照片，然后单击照片右上角的圆形符号，就可以将这幅照片保存为快捷收藏了，如图3-69所示。另外，按键盘的“B”键可以实现上面同样的效果，再按一下“B”键则将该照片从快捷收藏夹中取消。

图3-69 将照片保存为快捷收藏

按照上面这种方法，我们可以把需要筛选的照片都放在快捷收藏夹中。快捷收藏夹中的照片数量将会显示在左侧“目录”面板中，单击该面板中“快捷收藏夹”选项，则在右侧图库工作区中显示出所有被收藏的照片，如图3-70所示。

上面已经介绍过，快捷收藏夹存在着临时性的特点，所以我们可以考虑将快捷收藏夹存储为普通收藏夹，这样对它们永久保存。在“目录”面板中，右击“快捷收藏夹”选项，然后执行“存储快捷收藏夹”命令，在弹出的对话窗口中，设定收藏夹的名称，如图3-71所示，设定完成后单击 “存储”按钮。

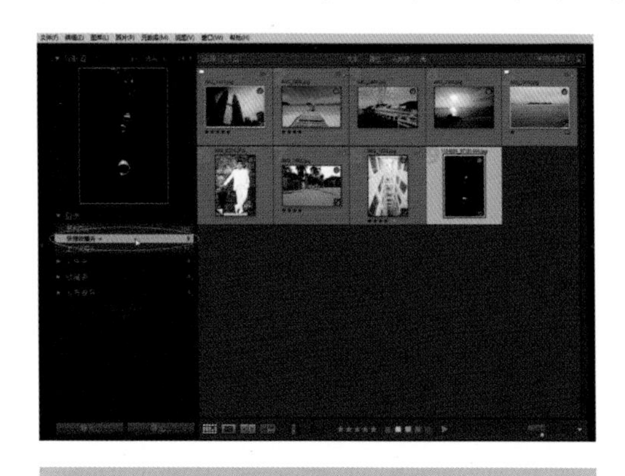

图3-70 显示快捷收藏夹中的照片

图3-71 存储快捷收藏夹

进入到左侧“收藏夹”面板中，我们就会发现快捷收藏夹中的照片已经被自动转换到普通收藏夹中了，如图3-72所示。

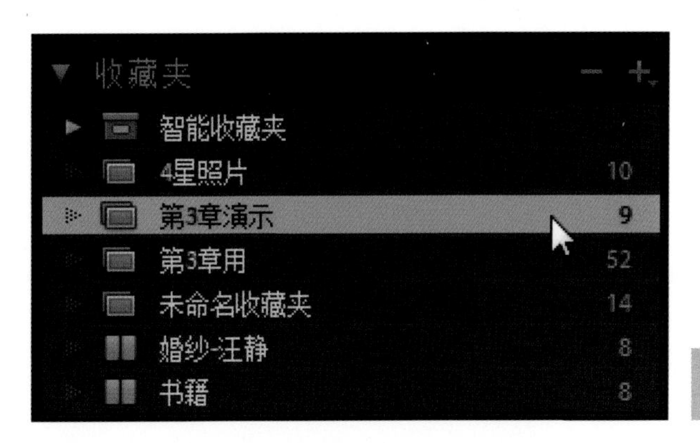

图3-72　快捷收藏夹中的照片被自动转换到普通收藏夹中

3.3.2　使用虚拟副本创建多个拷贝

在Lightroom中，我们可以创建同一照片的多个副本。比如说，一个版本为黑白照片，另外一个版本做了很大的裁剪，而且可以在堆叠或收藏夹中使用所有这些副本。由于Lightroom只是保存了这些照片的处理参数，实际上存储在硬盘中的仍然只是原始照片，所以需要的硬盘空间非常小，也不用像其他软件那样复制多个文件。

首先需要创建虚拟副本。选择一个需要处理的照片，然后把鼠标放在这个缩略图或照片上（可以在网格视图或放大视图中进行）。右击该照片，在弹出的菜单中执行“创建虚拟副本”命令，如图3-73所示。

我们可以根据需要的数量创建多个副本，现在打算创建3个副本，这些副本将相互关联，左下角的翻页图标表示这是一个副本，如图3-74所示。双击这个翻页图标，那么无论原始照片位于何处，都将返回到原始照片。

下面的操作读者可以自由发挥，在本节实例中，我们可以对产生的副本调整颜色、裁切、修改对比度等图像修改操作，这些操作都将在本书后面章节中详细介绍。完成处理以后的缩略图效果如图3-75所示。

我们可以将这几个关联的照片堆叠到一起，或者利用不同的名称创建收藏夹，然后把各个副本拖曳到合适的收藏夹中，可以把同一个照片保存到多个收藏夹中，也可以

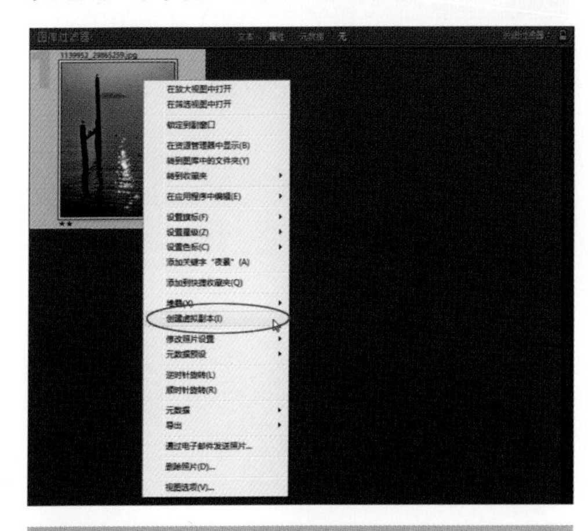

图3-73　执行“创建虚拟副本”命令

图3-74　创建出来的虚拟副本

图3-75　对虚拟副本进行图像修改

在每个虚拟副本中添加不同的关键字或者其他元数据。

3.3.3 创建和使用堆叠

所谓堆叠，就是将一组内容相近的照片组织到一起，以便于管理。堆叠可以用于将多幅相同主题的照片或者将一张照片及其虚拟副本存储在同一个位置，使网格视图或者照片显示窗格更有条理。使用堆叠组织到一起的照片，通常只需要我们在网格视图或者照片显示窗格中显示效果最佳的那张照片，使用堆叠照片功能，可以轻松地在一个位置访问所有这些照片，而无须通过多行缩略图逐一访问。

1. 创建堆叠

首先在网格中选择需要堆叠在一起的一组照片。这些照片必须保存在同一个文件夹中，而且不能堆叠收藏夹中的照片。要选中多个连续的照片，可以单击一个缩略图，然后按住键盘的“Shift”键，单击这个序列中最后的一个缩略图，即可选中它们之间的所有缩略图，如图3-76所示。

将要堆叠的照片全部选择以后，右击鼠标，在弹出的菜单中执行“堆叠”|“组成堆叠”命令，如图3-77所示。

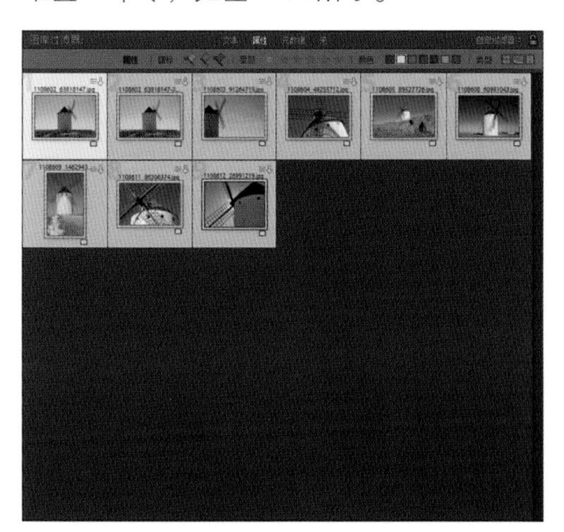

图3-76 选择缩略图

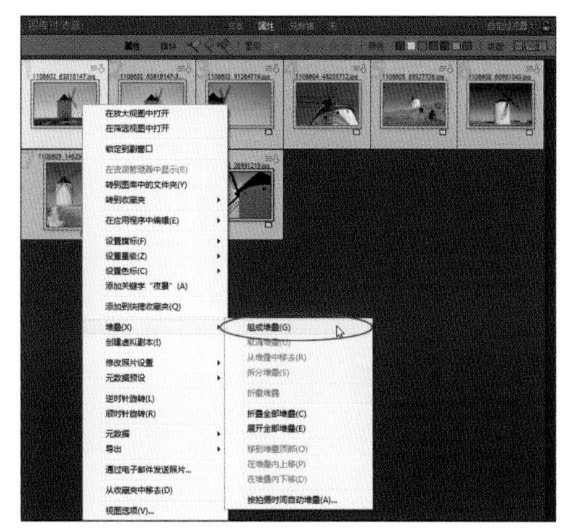

图3-77 执行“组成堆叠”命令

执行命令以后，被选定的照片都将被折叠成为一个照片，在可见图像的左上角将显示一个数字，它表示堆叠照片的数量，如图3-78所示。

2. 处理堆叠

要展开堆叠，可以右击堆叠，然后在弹出的菜单中执行“展开堆叠”命令，或者单击顶层缩略图中的堆叠图标，缩略图左上角的数字表示组件的顺序，如图3-79所示。

要分割一个堆叠，应当首先展开它，然后右击中间的一个缩略图，在弹出菜单中执行“堆叠”|“拆分堆叠”命令，如图3-80所示。这将形成两个堆叠：一个堆叠包含选定照片左边的全部图像，另一个堆叠包含该图像及其右侧的全部图像。

要取消堆叠，可以从菜单中执行“取消堆叠”命令。这时，照片将恢复为组件未堆

图3-78　将被选的照片堆叠成一个照片

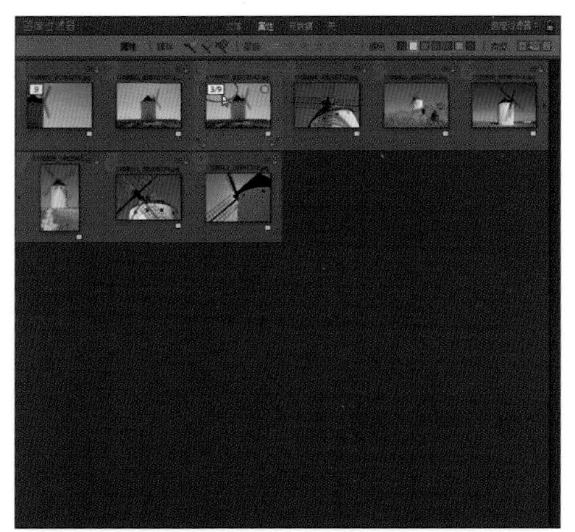

图3-79　展开堆叠

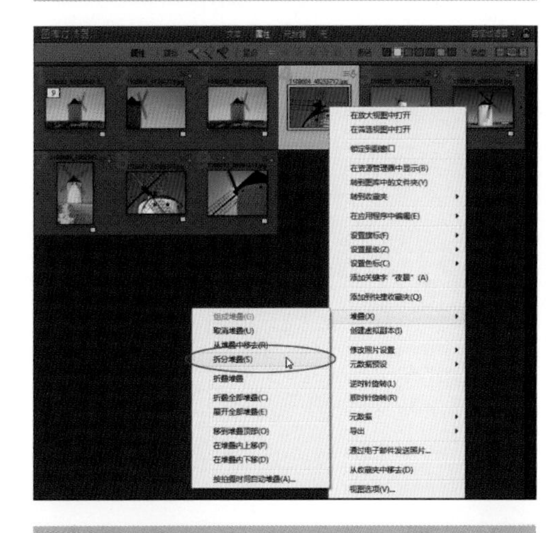

图3-80　拆分堆叠

叠时的效果。

3.3.4　快速修改照片

在“图库”模块中，可以通过“快速修改照片”面板执行流畅的图像处理操作。如果需要对大量选定的照片应用简单的白平衡校正，或者增减相对曝光度，那么快速修改照片将是一个非常方便的工具。

“快速修改照片”面板位于“图库”模块右侧面板组中“直方图”的下方，如图3-81所示。要展开某个选项，应当单击箭头键，要显示“裁剪比例”和“处理方式”选项，需要单击上下箭头。在应用快速修改照片时，无论目前使用何种观察模式，图像预览都将相应地更新，导航器面板中的照片也将更新，反映所做的图像。

1. 使用存储的预设

Lightroom本身包含一些预设，可以对选定的照片应用从“老照片风格”到“黑白转场”的设置，如图3-82所示。在快速修改照片中，也可以制作自己的预设。它们同样将出现在“保存预设”弹出式菜单中。我们将在后面章节中详细介绍预设的使用方法。

把预设应用于一张照片时，应当选中该照片，然后选择适当的预设。要把预设应用于一批照片时，应当在显示窗口中选中有关的所有照片，然后选择适当的预设。按键盘的“Ctrl+Z”键将返回到前一个预设，单击快速修改照片右下角的“重置”按钮，将返回到原始的相机设置。有关预设的操作，还有很多重要的内容，我们都将在本书后面章节中介绍。

图3-81 “快速修改照片”面板

图3-82 使用预设

预设下方的“裁剪比例”命令不是对用户定义的区域进行裁切，而是应用预设的长宽比或者用户选择的比值，如图3-83所示。要使一批照片符合一个特定的比例，如标准尺寸的商业打印，那么裁剪命令将非常有用。要想改进构图或者清除多余部分，将在本书后面章节中介绍。

在“色彩显示”中，可以选择“色彩”或者“灰度”，如图3-84所示。虽然可以使用其他的曝光控件进行这种转换，但是它们没有修改照片的微调功能（如灰度混合控件），不能进行特殊的黑白转换。

小技巧：在图库模块中，可以将照片随时转换为灰度。选中照片后，单击“V”键，即可在黑白和色彩之间切换。

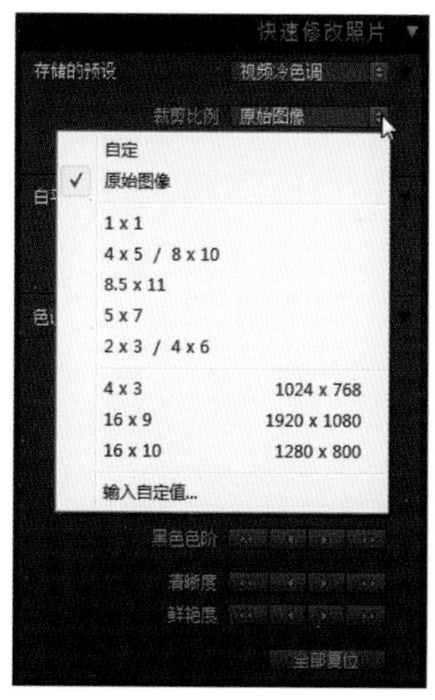

图3-83 设定照片比例

图3-84 将照片转换为灰度

2. 白平衡

如图3–85所示，使用“白平衡”控件可以修改白平衡设置。可以使用默认的相机设置（拍摄时相机的位置），也可以选择“自动”或其他选项。所做的修改将立即反映在选定的图像中。白平衡控件将影响JPEG和TIFF图像，尽管它们在RAW文件上的效率非常高。利用“色温”和“色彩校正”面板微调白平衡设置，单箭头进行微调，双箭头进行粗调。

3. 色调控制

如图3–86所示，单击“自动调整色调”按钮，可以快速改善图像的质量。自动调整色调将自动调整色调值和色彩值。

“自动调整色调”按钮的下面包括大量有效的色调控件。例如“清晰度”控件可以在图像上形成精美的凹凸效果，还在打印时特别明显。必须单击箭头，才能显示所有选项。这些控件对图像的影响与修改照片模块中的那些控件一致，后面的章节将详细介绍有关内容。

小技巧：按住“Alt”键，“清晰度”和“鲜艳度”控件将转变为“锐化”和“饱和度”。

图3–85　设置“白平衡”

图3–86　色彩控制参数区

4. 多幅照片的快速修改

Lightroom能够对一批照片方便快捷地应用特定的外观或色调校正，这是Lightroom的一大亮点，它设置的内容有别于市面上其他的图像处理软件

下面，我们通过一个简单的练习，了解一下基本操作过程。

首先在图库工作区中选择要处理的照片，如图3–87所示。按键盘的“Ctrl+A”键，可以选择全部照片；按键盘的“Ctrl+D”键，取消全部照片的选择。

选择适当的白平衡或色调控件，在本例中我们将所有照片转换为灰度。在所有选定的缩略图中，都可以看到所做的改变，如图3–88所示。单击“重设”按钮，将恢复到原始的相机设置。

5. 同步设置

在把一个照片的一些而非全部设置应用于一批照片时，应当怎么办呢？这时应当使用右侧面板底部的“同步设置”选项，如图3-89所示。

首先对活动照片进行修改，然后选中一张或者多张其他照片，单击“同步设置”按钮，在出现的“同步设置”对话窗口中，只选择希望应用于其他照片的设置，完成以后，单击“同步”按钮。

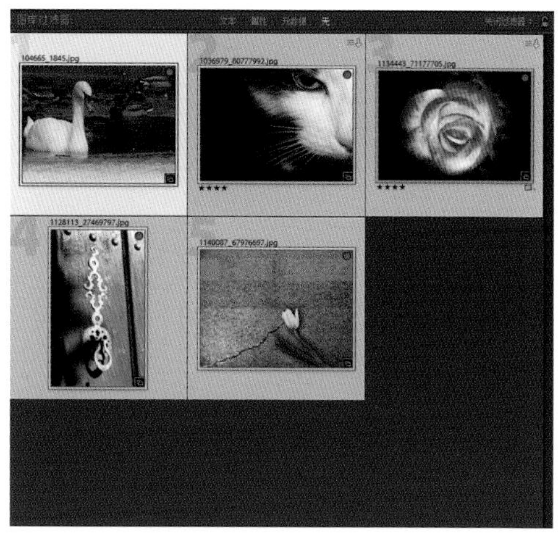

图3-87　选择照片

图3-88　将所有照片转换为灰度

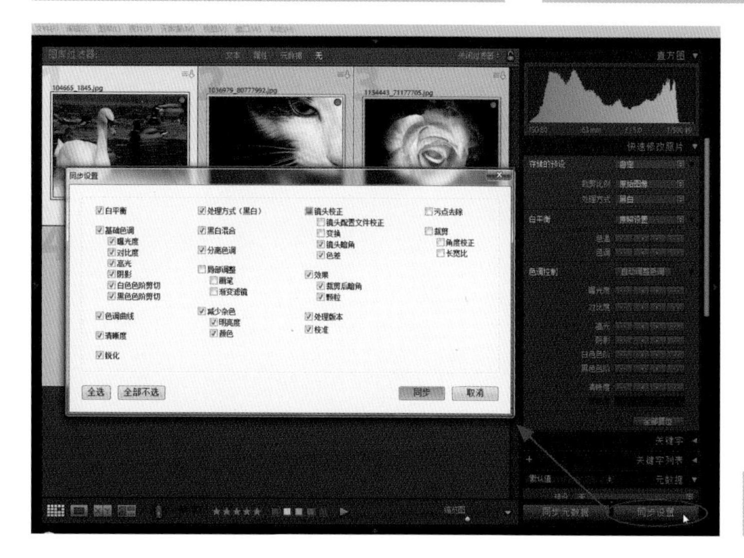

图3-89　使用“同步设置”选项

第 4 章　使用“修改照片”处理照片的瑕疵

在上一章中，我们使用“图库”模块中的“快速修改照片”面板可以轻松地对照片的色调做出调整，从中可以看到这个面板的重要性。实际上，“快速修改照片”面板只是Lightroom中“修改照片”模块的一个简化功能。“修改照片”模块才是Lightroom的精华所在，是我们学习Lightroom的重中之重。

4.1 认识“修改照片”模块

和“图库”模块一样，“修改照片”模块划分为以下几个部分。

视图控制面板位于左侧，参数调整面板组位于右侧，工作区窗口位于中间。这些区域划分为具有特定功能的面板组。工具条和照片显示窗格位于工作区的底部附近，如图4-1所示。

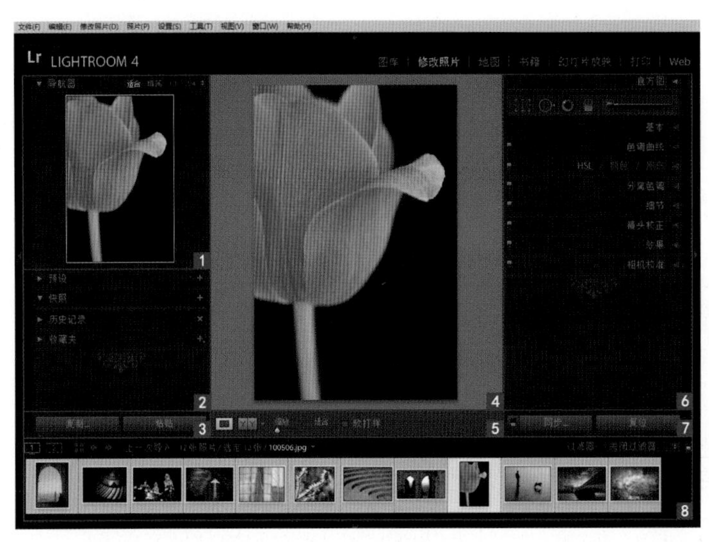

图4-1 “修改照片”模块的界面结构

如第1章所述，为了最大化观察场景，可以单击三角形图标，把左右面板、工具条和照片显示窗格隐藏起来。下面概括了解一下“修改照片”模块中的基本组件及其功能。

小技巧：无论当前位于Lightroom的哪个模块，按“D”键以后，都可以切换到“修改照片”模块。按“G”键则返回到“图库”模块的网格视图。

导航器：在第1章中我们介绍过这个面板，用于工作区中的视图操作。

左侧面板组：由4个面板组成，可以使用它们控制照片的操作并提高工作效率。

“复制”和“粘贴”按钮：用于在多幅照片之间应用相同操作。

修改照片工作区：“修改照片”模块的主工作区，照片的查看、调整等操作都在此完成。

工具条：用于控制工作区的视图查看以及比较等操作。

右侧面板：用于对照片各方面问题进行校正以及色彩调整，是这个模块最重要的功能区。

“上次设置/同步”和“复位”按钮：“上次设置/同步”以及“复位”按钮位于右侧面板的下方，用于设置多幅照片的状态变化。

照片显示窗格：当我们在不同模块之间切换时，照片显示窗格会显示正在处理的照片。

4.1.1 “导航器”面板

导航器显示当前的活动照片，如图4-2所示。在这里不仅可以浏览引用的照片，而且还可以设置缩放的比例。白框（右边的圆圈所指）标识放大区域；单击并移动这个框，即可在主工作区中调整图像的位置。

1. 改变导航器窗口的大小

把鼠标放在导航器窗口的右边缘上，然后拖曳，就可以放大该窗口和整个右侧面板组，如图4-3所示。这一操作不会影响垂直图像，但是在放大左侧面板时，需要有更大的空间来显示水平图像。

图4-2 “导航器”面板

图4-3 修改“导航器”面板的大小

2. 在导航器面板中预览

打开下方的“预设”面板，在预设上来回移动鼠标，如图4-4所示，导航器窗口中的图像将马上发生变化，反映这些设置的内容。

在实际应用裁剪之前，导航器还可以实时显示裁剪照片，如图4-5所示。本章后面将详细介绍如何使用裁剪叠加。

4.1.2 “预设”面板

Lightroom包含一些预设，它们列在“预设”面板中，如图4-6所示。

前面介绍过，如果在这些选项上移动鼠标，就可以在导航器窗口中观察它们的效果。如果看到满意的效果，只需要单击这个预设名，对应的预设就应用于主工作区窗口中的照片。这里显示的预设是按照文件夹组织的，如Lightroom默认设置和用户设置。执行菜单下“修改照片”|“新建预设文件夹”，可以创建更多的文件夹，另外，还可以创建自定义预设，本书后面会有更多的介绍。

4.1.3 “快照”面板

“快照”面板类似于Photoshop的历史快照。利用快照，可以“冻结”图像中的某

图4-4 使用“导航器”预览预设效果

图4-5 使用“导航器”预览裁切效果

个时刻，把全部设置保存到快照中，以便以后检索，如图4-7所示。可以根据需要的数量创建快照。单击快照名，保存的设置即可应用。利用键盘快捷键“Ctrl+Z”，可以取消快照的效果。

据称，Adobe Camera Raw将来的版本可以读取Lightroom快照。这样的话，就可以把同一个图像的不同版本保存到Adobe Camera Raw中。快照智能应用于正在处理的图像。即使清除了历史记录，快照仍然会保存下来。要创建快照，可以单击面板名称右侧的“+”号。删除快照时，可以单击同样位置的“-”号。单击文本，然后输入名称，即可命名快照。

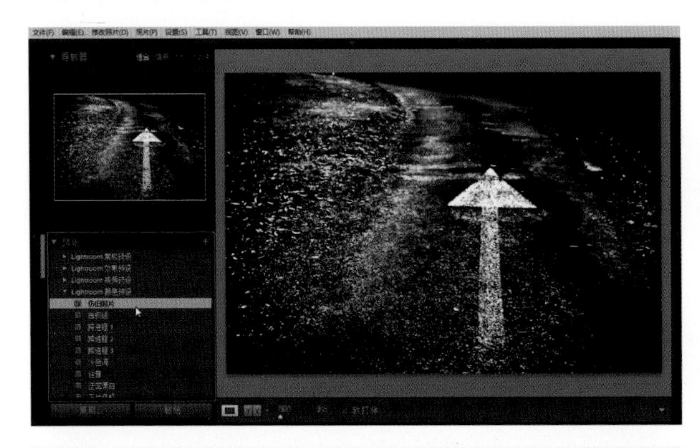

图4-6 “预设”面板

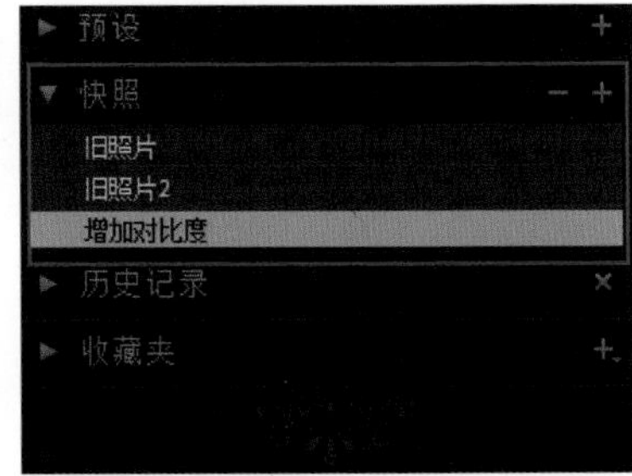

图4-7 “快照”面板

条中间，可以选择复制或替换修改前和修改后的设置，如图4-20所示的是未经放大的修改前/修改后的左/右视图。

图4-21显示的是经过放大的修改前/修改后的左/右视图。注意，这两个图像的放大比例相同，也可以使用自动出现在这个视图中的抓手工具或导航器在这两个图像区域中同时移动。

图4-22显示的经过放大的修改前/修改后的拆分视图。利用这个视图可以检查色彩变化和降噪设置的是效果。

图4-23显示的是修改前/修改后的上/下视图。

图4-24显示的是修改前/修改后的上/下拆分视图。

图4-20　使用比较视图

图4-21　经过放大的比较视图

图4-22　经过拆分的比较视图

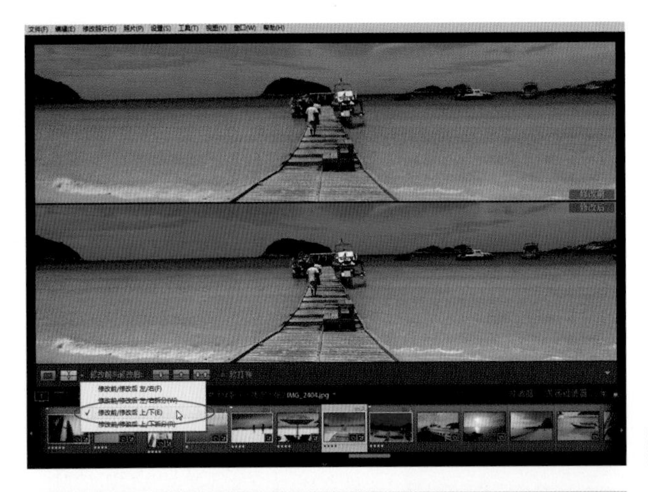

图4-23　上下模式的比较视图

图4-24　上下模式的拆分比较视图

4.2　修复照片的常见问题

我们在前期照片拍摄的过程中，经常会由于各种原因导致照片出现问题，这些瑕疵都可以使用“修改照片”中的一些工具对它们进行处理。从这一节开始，我们将例举一些具有典型意义的实例，配合工具参数和命令的讲解，为读者详细介绍Lightroom中重要的功能。

4.2.1　裁剪照片

“裁剪叠加”工具可以通过裁剪照片、缩放图像到特定的宽高比、或者拉直偏离轴线的地平线来改进照片。“裁剪叠加”工具位于右侧参数面板组中，“直方图”面板的下方，当我们单击该工具后，下方将弹出选项参数部分，如图4-25所示。下面，我们了解一下如何使用这个工具裁剪照片。

1. 固定长宽比的裁剪

首先在照片显示窗格中选择一张实例照片，然后单击裁剪图标，裁剪手柄将出现在照片的周边上，同时图像上也出现了用于辅助裁剪的“九宫格”，这时锁头的图标处于锁定状态，无论裁剪的尺寸如何，都将保持当前的长宽比，如图4-26所示。

小技巧：按键盘的“Ctrl+Shift+H”键可以隐藏或者显示辅助线；按键盘的“O”键可以切换多种辅助线，除了默认的“九宫格”以外，还可以使用“斜线”“网格”或者“螺旋线”等。

将鼠标放在主工作区的边框上，拖曳手柄，缩小窗口，如图4-27所示。如果需要的话，可以把鼠标放在边界框内，然后来回移动照片，直到准确定位为止。如果将鼠标放在边框外，可以旋转照片。

按Enter键，即显示裁剪照片，并离开裁剪模式，如图4-28所示。要返回到裁剪模式，只需要再次单击右侧的“裁剪叠加”图标。

小技巧：确定裁剪结果可以使用Enter键、在裁剪照片上双击鼠标左键或者按键盘的“R”键。取消裁剪结果可以单击右侧面板下方的“复位”按钮。

除了使用默认的照片长宽比以外，还可以使用预设的裁剪长宽比。单击“原始图

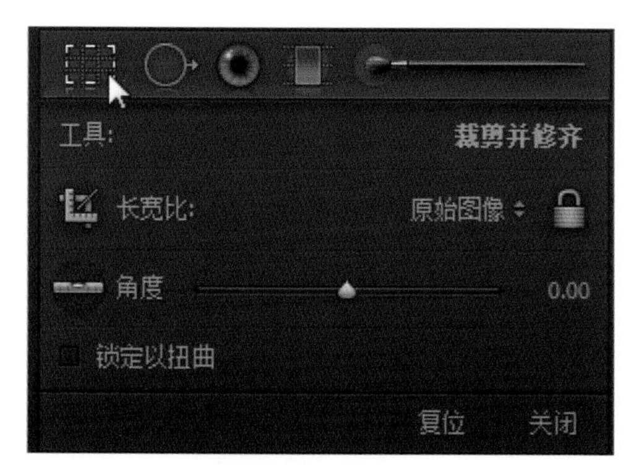

图4-25 “裁剪叠加”工具

图4-26 使用“裁剪叠加”工具

图4-27 拖曳手柄控制裁切范围

图4-28 确定裁切结果

像”旁边的三角形，弹出如图4-29所示的菜单。如果选择“自定”，即可以设置自己的长宽比，下次再使用“裁剪叠加”工具时，我们设置的长宽比将出现在这个菜单中。

2. 直接裁剪照片

如果我们不想在裁剪时设定长宽比，而是根据需要自由拖曳变换的尺寸，那么需要进入到右侧面板中，单击固定长宽比的“锁头”符号，将其打开，然后单击右侧面板上的“裁剪框”工具，即可以使用熟悉的图像裁剪方法，进入到工作区中，在照片上拖曳裁剪框了，如图4-30所示。此时裁剪框工具将从面板上消失，完成裁剪设置以后，它将重新出现。

现在可以把裁剪框拖曳到准确的位置，使用边缘上的手柄缩小或者放大裁剪框，也可以把鼠标放在裁剪框内，然后在裁剪框内移动照片，如图4-31所示。

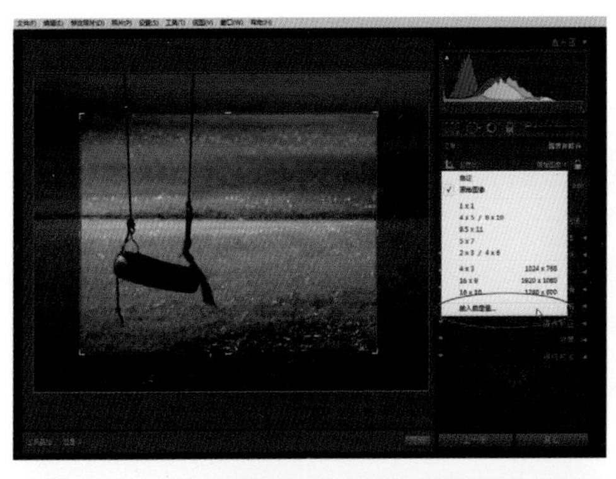

图4-29　设定裁剪比例

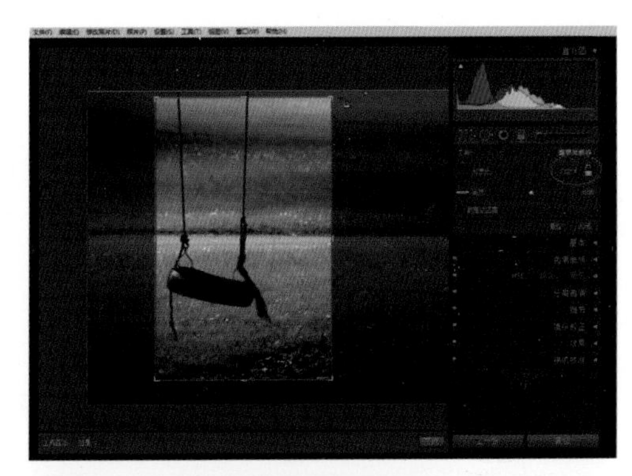

图4-30　直接裁剪照片

图4-31　拖曳鼠标控制裁剪范围

4.2.2 校正倾斜的照片

校正倾斜的照片时，可以使用网格或者“矫正”工具来处理。

1. 裁剪工具和网格

首先在照片显示窗格中选择一张实例照片。然后单击“裁剪叠加”工具，然后把鼠标放在照片区域以外，此时鼠标指针将变成一个曲线箭头，表示此时可以旋转照片，然后按下鼠标左键，照片上显示出网格，如图4–32所示。

这时，按住鼠标左键并拖曳，照片将产生旋转，使用这种方法可以让倾斜的照片与笔直的网格线对齐，如图4–33所示。完成以后，按键盘的“R”键确定裁剪。

另一种方法是使用“角度矫正”滑块，如图4–34所示。单击这个滑块，网格自动出现，然后可以前后滑动这个滑块，直到倾斜的照片与笔直的网格线对齐。

2. 使用“矫正”工具

我们还可以使用“矫正”工具处理倾斜照片，要比上述方法更直观和明了。首先选择“裁剪叠加”工具，“矫正”工具将出现在下方。单击工具栏上的图标时，这个图标将消失。但是它会出现在照片中鼠标指针的位置，如图4–35所示。

图4–32 使用“裁剪叠加”工具

图4–33 旋转裁剪框

图4–34 使用“角度矫正”滑块调整倾斜

图4–35 选择使用“矫正”工具

接下来，我们需要在照片上找一条参照线，这条线被默认在拍摄时呈现水平。使用鼠标在这条参照线上单击起点，然后沿着对齐的参照线拖曳，如图4-36所示。释放鼠标时，照片将自动将这条参考线调整为水平。

如果照片经过了裁剪或者角度校正，那么在照片显示窗格和图库网格视图中的缩略图上，将出现一个裁剪图标，如图4-37所示。单击这个图标，将直接切换到裁剪处于选中状态的“修改照片”模式。

图4-36　在工作区中设置水平线

图4-37　缩略图上的裁剪图标

小技巧：在Lightroom中进行的任何裁剪都是可以重做的。它在原始照片中不会添加或删除任何图像。但是，在输出图像时，无论是输出JPEG、TIFF还是PSD文件，实际的裁剪都将应用到这些图像上。如果把图像输出到DNG文件中，那么在Lightroom中裁剪仍然是可以重做的。

4.2.3　去除照片上的污点

首先在Lightroom中导入如图4-38所示的照片。这是一幅商品摄影照片，当把这幅照片放大以后，会看到下方非常明显的灰尘。针对这些污点，可以考虑在Lightroom中使用“污点去除”工具将它们删除。

进入右侧面板中，选择“污点去除”工具，然后保持“画笔”类型为“仿制”一项不变，如图4-39所示。这个工具的操作方法与Photoshop的“仿制图章”类似，它把目标区域和源区域“融合”到一起，即把照片中一个区域的图像复制给另外一个区域。

接下来，我们将工作区中的照片放大（至少100%），然后选定一个污点，并把鼠标放在这个灰尘污点上。利用右侧面板中“大小”对应的滑块调整污点直径，直到它比灰尘大约大25%为止。使用括号键也可以像鼠标滚轮一样用来放大或缩小污点直径，如图4-40所示。

单击并拖动第一个圆圈附近出现的第二个圆圈时，将出现一个箭头，表示与目标圆之间存在关系。移动第二个圆圈，直到满意的“恢复效果”出现在目标区域中，如图4-41所示。

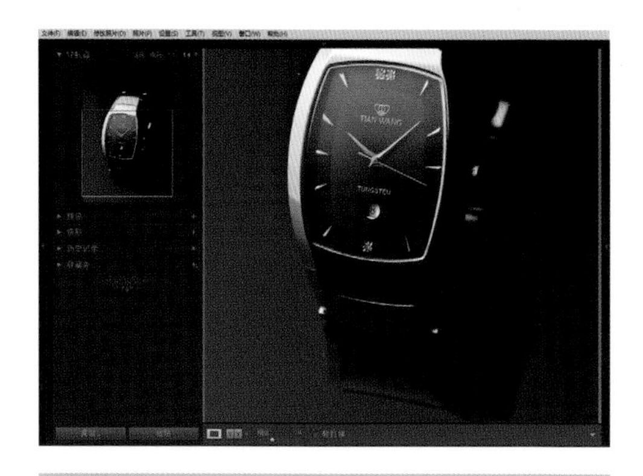

图4-38　导入照片并放大

图4-39　选择“污点去除”工具

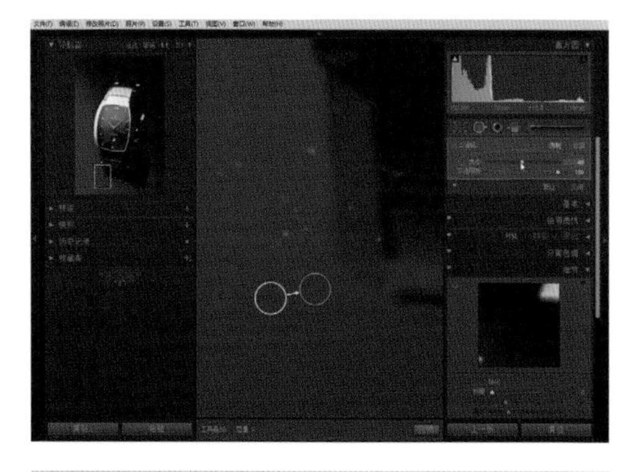

图4-40　设置工具的直径大小

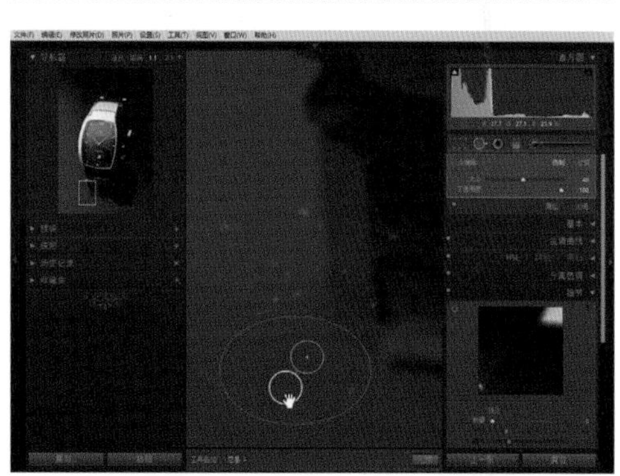

图4-41　调整去除污点的位置

可以根据需要在同一张照片上重复上述过程，直到清除所有污点，如图4-42所示。如果需要的话，可以随时返回照片，重新确定目标区域或源区域。删除不需要的选择时，可以把鼠标放在圆圈上，然后按Delete键。利用面板中的“复位”按钮，可以清除所有设置。

完成以后，按Enter键或“污点去除”图标（快捷键“Q”）。也可以随时返回照片，重新使用这个工具。如图4-43所示的就是清除污点前后的场景对比，读者在使用这个工具的时候，一定要细心，针对不同大小的污点，选择不同的圆圈直径，这样才能得到满意的效果。

图4-42　将所有污点都清除时的场景效果

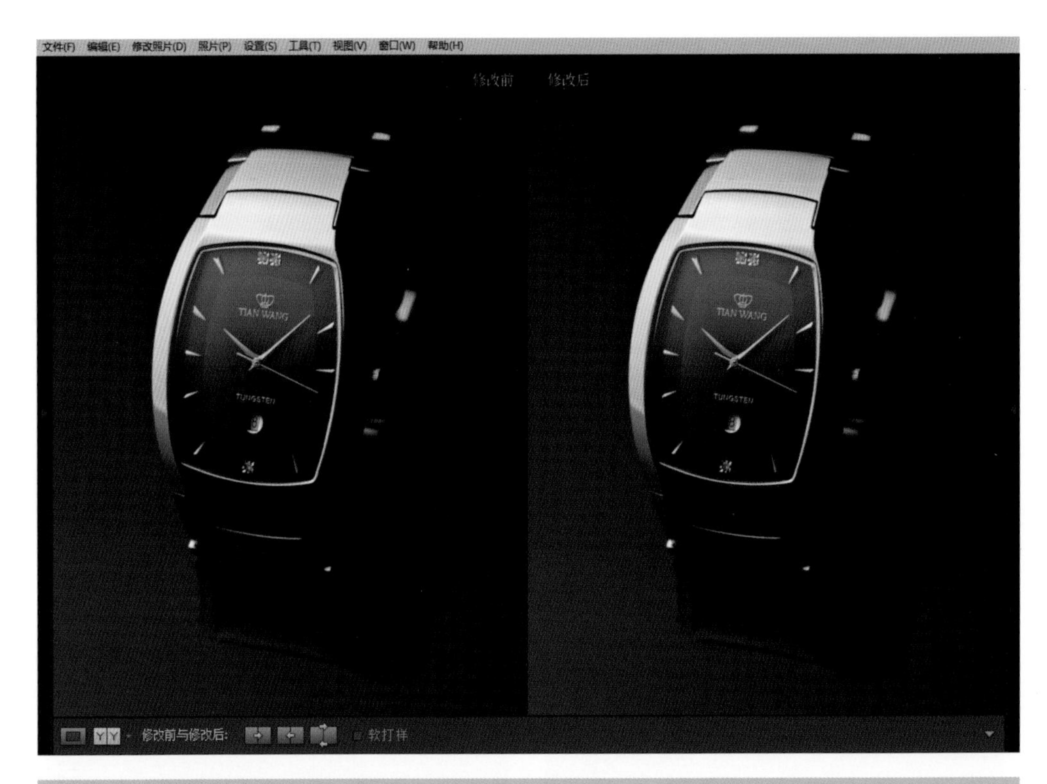

图4-43　照片处理前后的对比效果

4.2.4　修复人像脸部的瑕疵

在上面的实例中，我们在使用“污点去除”工具时，设定“画笔”类型为“仿制”，这种方式只是简单地用目标区域图像对源区域图像复制，而针对一些比较复杂的情况，比如人像的脸部明暗变化较大的区域，这种设置就显得不好用了。下面，我们用一个实例来了解“污点去除”工具的另外的使用方法。

首先，在Lightroom中导入本节实例照片，这是一幅婚纱照片，将照片放大到一定程度以后，可以明显看到新郎脸部的斑点等瑕疵，如图4–44所示。

下面，我们使用上一节中应用的方法，试着对这些瑕疵进行处理。进入到右侧面板中，单击“污点去除”按钮，然后保持“画笔”类型为“仿制”不变，进入到工作区中，选定一处瑕疵，对其进行处理，如图4–45所示。

在处理的过程中，我们会发现，由于人像表面皮肤的明暗变化以及毛孔的复杂性，查找一处合适的复制图像非常麻烦，所以我们需要变换一种“画笔”类型。

进入到右侧面板中，将“画笔”的类型设定为“修复”。该项的作用不再是简单的图像复制，它会使取样区域的纹理、光照和阴影与所选区域相匹配。完成设置以后，重新进入到工作区中，此时我们再拖曳目标圆圈，即使目标圆圈中的图像色调与所选区域中的色调差别很大，软件也会只复制图案，而针对所选区域的颜色自动调整明暗，如图4–46所示。

图4-44　导入照片并放大

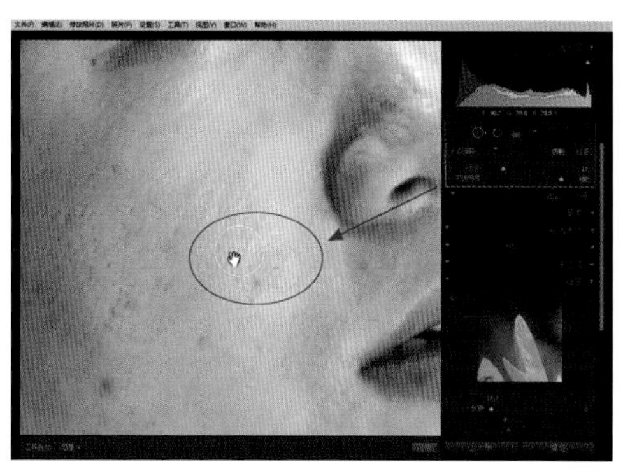

图4-45　使用“污点去除”工具

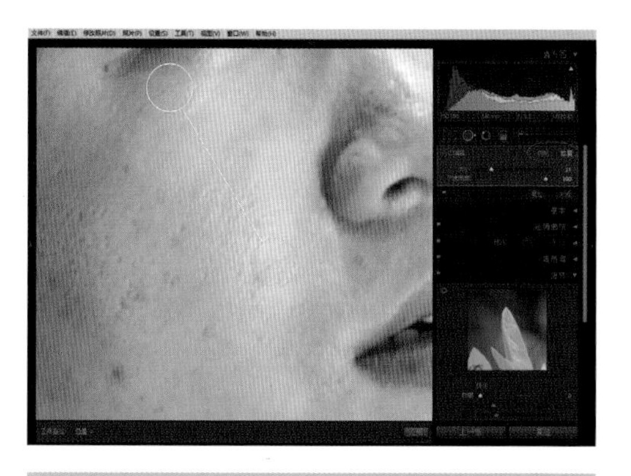

图4-46　将类型设定为“修复”

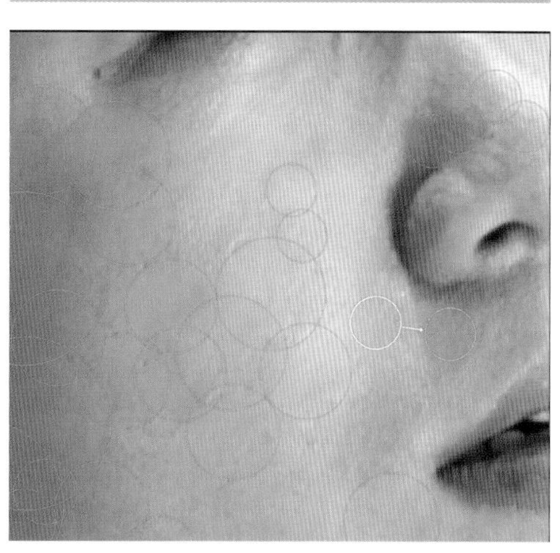

图4-47　对脸部的瑕疵进行清除

按照上一节介绍的步骤，依次对粗糙皮肤的表面进行处理。在进行操作的过程中，可以根据皮肤表面具体的情况，分别设置画笔的直径，如图4-47所示。

处理完成前后的对比效果如图4-48所示。使用“画笔”的“修复”模式，可以处理类似皮肤这种复杂的表面，既可以将照片上的瑕疵去除掉，又可以保持原照片的色调和光感。

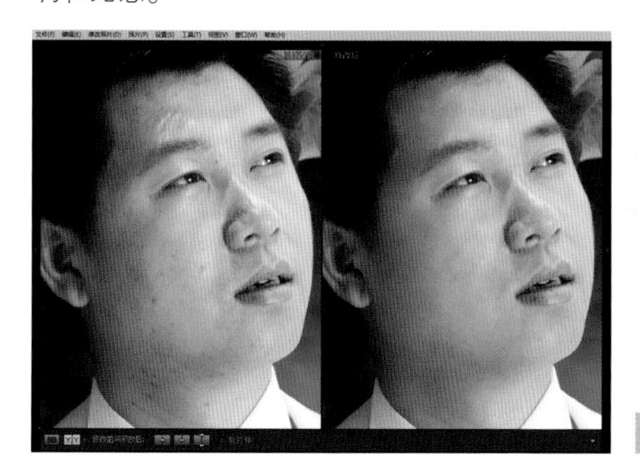

图4-48　照片处理前后的对比效果

4.2.5 校正人像照片中的“红眼”

当在室内拍摄人像照片时，经常会由于闪光灯的作用，而导致人像的眼睛出现红色，我们称这种现象为“红眼”。使用Lightroom中的“红眼校正”工具，可以快速将红眼去除。

首先在Lightroom中导入待处理的照片，将照片放大后，可以看到人物的眼睛出现“红眼”，如图4-49所示。

现在使用“红眼校正”工具对照片进行处理。在右侧面板中单击“红眼校正”工具，选中以后，图标将变成红色，同时鼠标指针在工作区中变成十字星的效果，如图4-50所示。

图4-49 导入照片

图4-50 使用“红眼校正”工具

将鼠标指针放在红色的大眼睛上，并将中心对准眼睛的瞳孔。然后从眼睛的中心开始拖曳，直到形成的圆圈稍稍大于眼睛为止，释放鼠标，此时眼睛上的红色应该消失了，如图4-51所示。

对红眼校正工具进行微调时，应当使用“瞳孔大小”和“变暗”滑块。“瞳孔大小”滑块将增大或减少瞳孔的尺寸，“变暗”滑块调整瞳孔的不透明度，如图4-52所示。

图4-51 在眼睛的瞳孔处拖曳鼠标

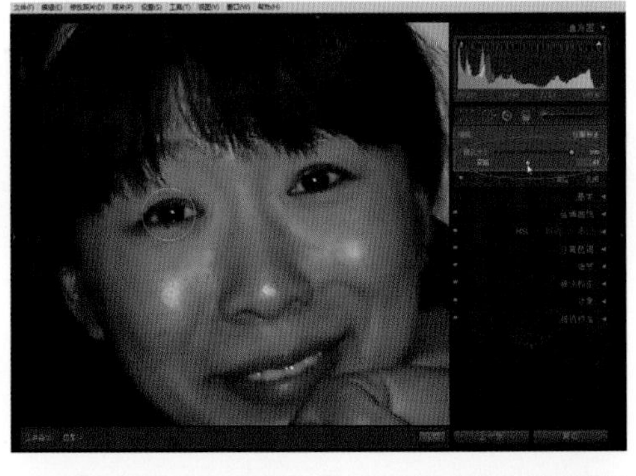

图4-52 调整“红眼校正”工具的参数

单击“复位”按钮，即可重新开始校正，使用“复位”和“关闭”前面的“开关”按钮可以观察应用“红眼”工具前后的差别，如图4-53所示。

完成红眼校正以后，按Enter键，然后对其他红眼重复这个过程。如图4-54所示，使用“红眼校正”前后的照片对比还是比较明显的。

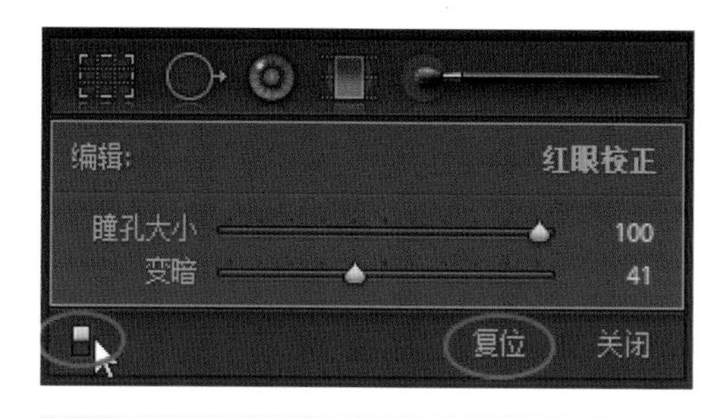

图4-53 “复位”按钮和工具“开关”按钮的位置

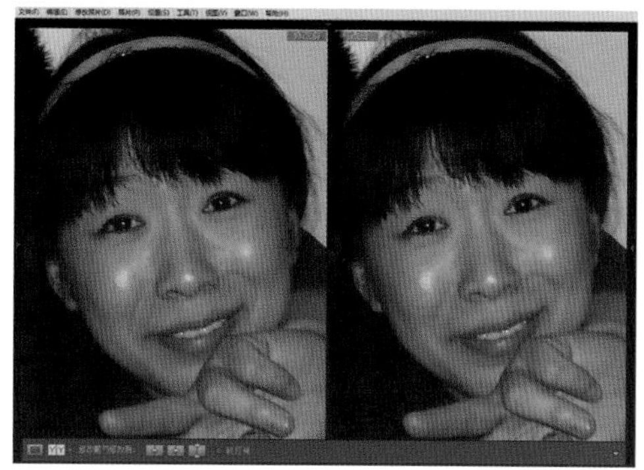

图4-54 照片处理前后的对比效果

4.2.6 锐化照片

Lightroom的锐化功能位于“修改照片”的“细节”面板中，它们可以进行高级控制，只需要了解每个滑块的功能，就可以制作出清晰而且定义明确的边缘细节，同时还不会在照片的其他区域引入噪点。图像锐化其实仅仅是在明暗像素交会的边缘处，对对比度进行夸张处理。

首先，在Lightroom中导入本节学习所使用的范例照片，然后将右侧的“细节”面板组打开，如图4-55所示。涉及锐化功能的滑块一共有以下4个：Lightroom的“数量”滑块控制边缘对比度的强度；“半径”滑块控制边缘的宽度；“细节”滑块确定边缘的内容；“蒙版”滑块可以对前3个滑块产生影响的区域做进一步的控制。

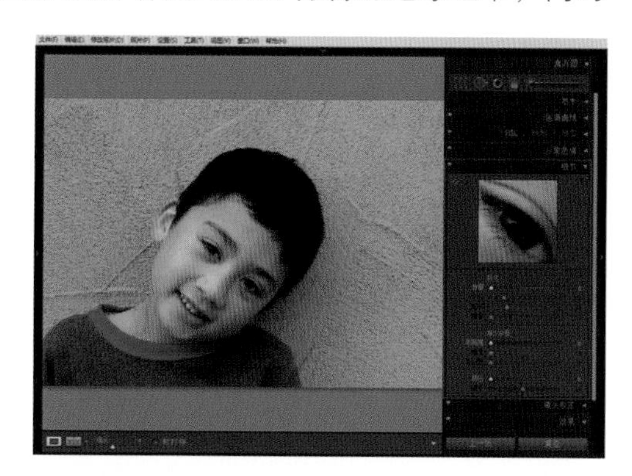

图4-55 导入照片并打开“细节”面板

与以往面板功能组不同，“锐化”功能面板上提供了一个小的预览窗口，无论工作区中的照片以多大显示，该窗口都以1：1比例显示照片，以方便我们调整参数过程中观察照片的效果，如图4-56所示。另外，在预览窗口左侧有一个十字星标，单击该符号，然后进入到工作区中，滑动鼠标的时候，可以在预览窗口中实时

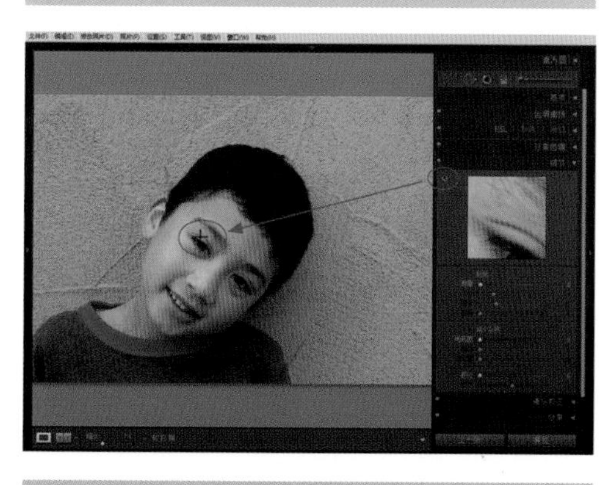

图4-56 “细节”面板上提供照片的1：1的预览窗口

显示鼠标位置的全比例图像。我们也可以将鼠标放在预览窗口中拖曳鼠标，来改变当前预览窗口的内容。

1. “数量”滑块

“数量”滑块在1～150的范围内控制边缘处的对比度值。在图4-57中，“数量”滑块被设置为150，其他滑块则保持默认的锐化设置。

在图4-58中，“数量”滑块被设置为0。

由此可以看出两种极端情况的对比效果。对于RAW文件来说，默认的“数量”值是25，这是一个基于数码相机特性的相对值。对于其他文件，如JPEG和TIFF，“数量”值被设置为0，这意味着，在移动这个滑块之前，图像上没有应用额外的锐化处理。

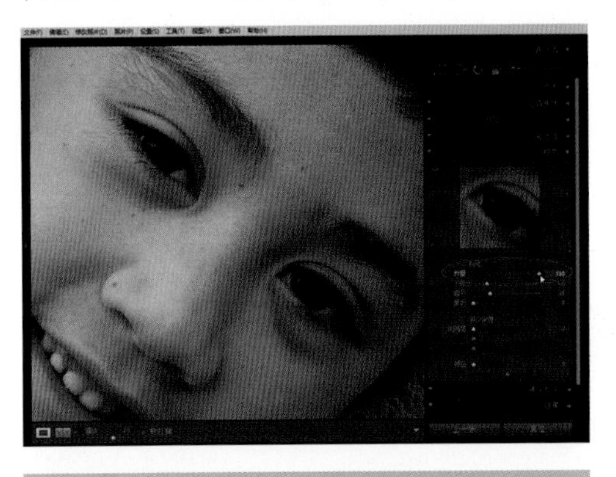

图4-57　将“数量”滑块设置为150的效果

图4-58　将“数量”滑块设置为0的效果

2. “半径”滑块

“半径”滑块控制边缘的宽度，它的范围在0.5～3.0之间。半径值越大，边缘越宽，锐化效果越明显。如果半径值设置得太大，就会出现重影效果。如图4-59所示，“半径”滑块被设置为3.0（最大值），从中可以清楚地看到校正前后的效果对比。

演示“半径”滑块的功能时，一种更好的方法是按住“Alt”键，然后单击这个滑块。如图4-60，半径值设置为0.5（最小值），可以看到，其中只出现一个淡淡的轮廓，几乎没有像素受到影响；如图4-61所示，半径值设置为3（最大值），现在可以清

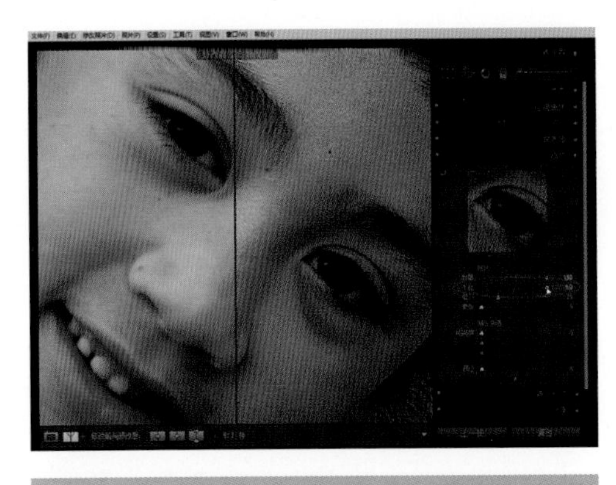

图4-59　“半径”设置为最大时的前后对比

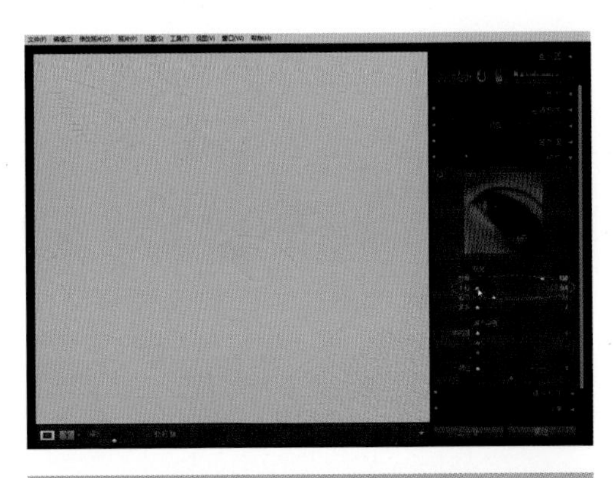

图4-60　“半径”设为最小时的效果

楚地看到有轮廓的像素，在移动“数量”滑块时，它们将受到影响。

对于所有照片文件来说，默认的半径设置都是1.0。对于JPEG、TIFF和其他RAW的文件，必须移动“数量”滑块，才能看到锐化的效果。

3. “细节”滑块

这个滑块的工作方式类似于“半径”滑块，不过它处理的不是像素值的宽度，而是非常小的细节。当它的值为100（最大值）时，图像中的所有像素都被定义为边缘，而且所有像素之间的对比度都得到相同的增加。值越小，定义的范围和影响越小。如图4-62所示，演示了一种极端设置时的情况，即细节值被设置为100前后的视图。

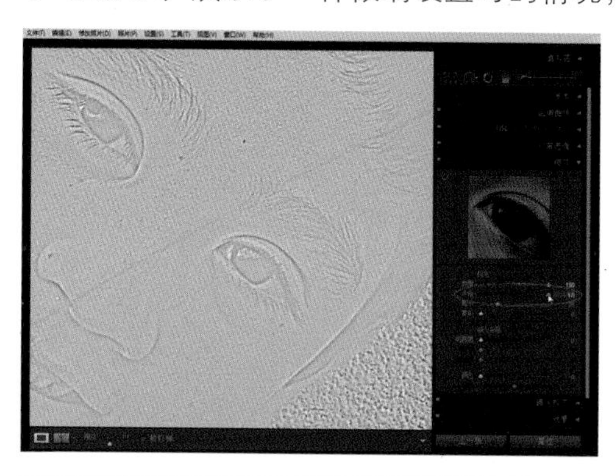

图4-61　半径设置为最小时的场景效果

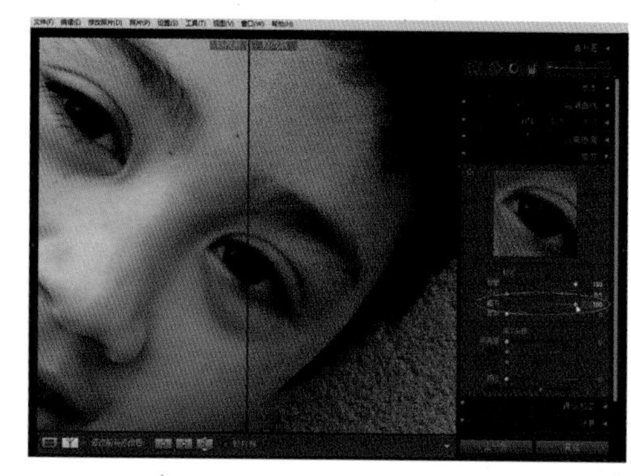

图4-62　“细节”设置为100前后的场景效果

在移动这个滑块时按住“Alt”键，可以清楚地显示出设置值为100时受到影响的区域，如图4-63所示。

4. “蒙版”滑块

“蒙版”滑块仅仅是创建一个遮罩，控制应用锐化处理的区域。在处理肖像时，或者在处理其他包含大面积连续色调的照片时，而且希望随着对比度的增大，这些区域不受影响，仍然能够保持光滑时，这种控制将大显身手。

如图4-64所示，“数量”“半径”和“细节”滑块都被设置为最大值，换句话说，这个照片的锐化处理已经完全过度。

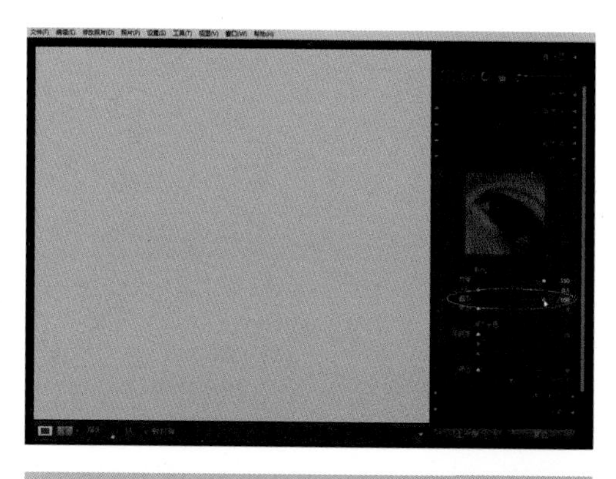

图4-63　使用“Alt”键查看“细节”为100时受到影响的区域

图4-64　除“蒙版”以外的数值都被设置为最大

然后把“蒙版”滑块移动到最大值，这时可以看到，锐化处理对皮肤色调的影响并不明显，如图4–65所示。

单击“蒙版”滑块时按住“Alt”键，可以显示出实际的遮罩，如图4–66所示。其中黑色的区域就是被遮盖的区域。

图4–65　将“蒙版”数值调整为最大值

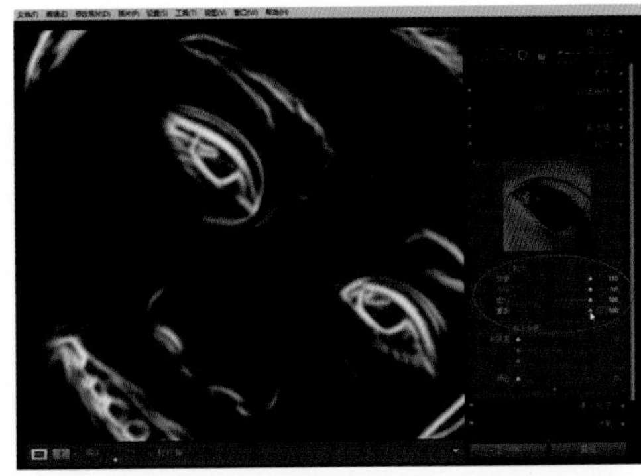

图4–66　查看照片实际的受影响区域

上述为读者介绍了“锐化”功能中的几项重要参数，对于本节的实例，读者可以参考如图4–67所示的参数设置。对于一般的照片，在没有特殊要求的情况下，只需要“数量”和“半径”两项参数配合就能收到不错的效果。

小技巧：锐化值取决于最终输出。如果针对屏幕输出进行锐化，那么只要看起来合适即可。如果针对打印输出进行锐化，则很可能需要进行过度锐化，以补偿纸张或者墨水的吸收。打印特有的锐化本身就是一个综合的内容，其中需要考虑很多变量，如打印机的特性、打印尺寸、纸张的质地、观察距离等。

最后，我们不必担心上述操作是否达到了最佳效果。Lightroom使用的是完全非破坏性的过程，可以随时返回，重新开始处理。在细节面板上，按住键盘的“Alt”键，可以让“锐化”选项变成“复位锐化”，单击“复位锐化”以后，就可以将前面所有设置的参数自动归零，从而重新进行设置。单击“细节”面板顶端的效果开关按钮，可以打开或关闭“锐化”效果，从而进行对比，了解锐化对工作区照片的影响，如图4–68所示。

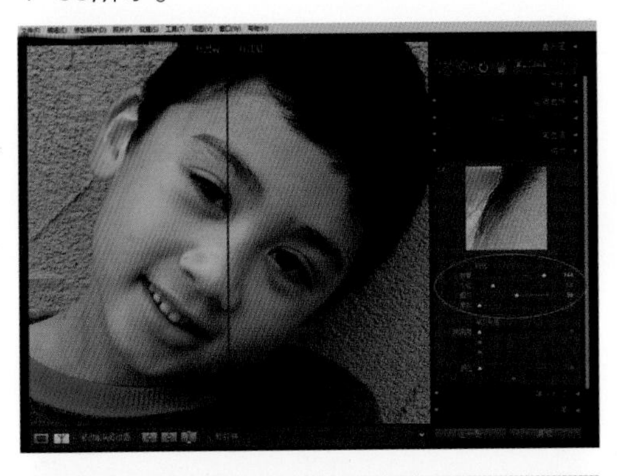

图4–67　为照片设置准确的锐化参数

图4–68　使用“复位”按钮和锐化开关

4.2.7 降噪

所有的数码照片都会产生噪点，虽然程度不同。因为照片上的额外像素、较高的ISO、曝光不足、长时间曝光或过度锐化都将增加照片的噪点。Lightroom的降噪功能可以轻松地降低噪点的影响，同时保持照片的细节。

在放大比例较低的情况下检查照片时，噪点不一定很明显。在进行色调和色彩调整以后，应当使用Lightroom的放大工具放大照片，这时噪点将比较明显，如图4-69所示。

在Lightroom中，降低照片噪点使用“细节”面板下“减少杂色”功能组来完成，如图4-70所示。一些照片实际上既包含有色（彩色）噪点，又包含亮度（单色）噪点。在这个功能组下方的滑块中，使用“明亮度”“细节”“对比度”3个滑块调整照片中存在的单色噪点，使用“颜色”“细节”两个滑块调整有色噪点。

图4-69　导入照片并放大显示

图4-70　“减少杂色”功能组的位置

1. 降低有色噪点

首先，在工作区中将需要降噪的照片放大，最好将缩放设置为1：1显示。通常降噪的过程，都是优先降低带有颜色的噪点，因为这类噪点比较分散。进入到右侧面板中，拖动颜色向右即可降低颜色的噪点，隐藏将滑块向右拖曳一些，直到色彩噪点消失为止。细节滑块用于控制降噪过程对照片边缘的影响。如果将“细节”滑块拖曳到右侧，数值过高的话，图像细节的边缘区域就会降低；而将滑块的数值设置较低的话，图像可能存在色斑，所以应该将颜色与细节两个滑块分别拖曳来测试。大多数情况下，细节控制在70～80是比较好的结果，如图4-71所示。

2. 降低单色噪点

现在，照片经过颜色噪点处理以后，实际原来的噪点并没有消失，而是被转换为颗粒（单色）噪点了。要想减少这类噪点，需要使用上方“明亮度”“细节”以及“对比度”3个滑块进行调整。向右拖动“明亮度”滑块，直到噪点明显减少，如图4-72所示。“细节”滑块仍然用于控制照片的干净程度。要想得到干净的画面，那就向左拖曳“细节”滑块，这意味着将要牺牲一部分细节来维持干净的画面。

图4-71　降低有色噪点

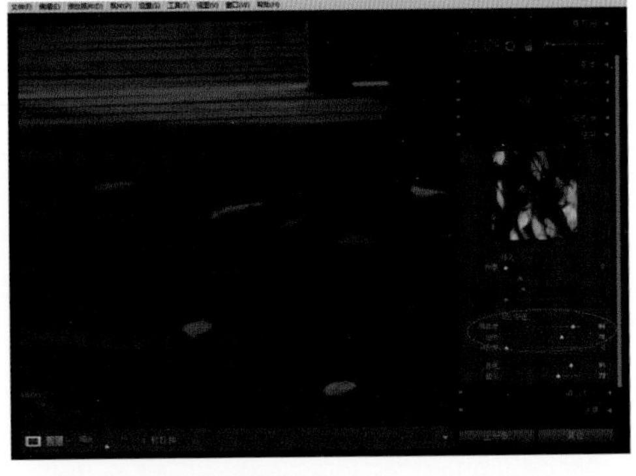

图4-72　使用“明亮度”滑块

下面还有一项“对比度”滑块，向右拖曳它来保持照片的对比度。使用这项参数的时候，需要针对不同的照片找到一个平衡点，能够让照片既有好的对比度，又能计量平衡，如图4-73所示。

这个实例降噪前后的对比照片如图4-74所示。在使用“减少杂色”功能组的时候，一定要注意几个参数配合的作用，尽量不要使用最大值或者最小值，应在两者之间找到平衡点。另外，针对不同的照片，因为产生噪点的原因不同，所以参数不尽相同，应该具体问题具体分析。

图4-73　使用“对比度”滑块

图4-74　降噪前后的对比效果

4.2.8　调整因镜头素质产生的照片缺陷

在我们实际拍摄环节中，不同的镜头拍摄出的照片具有差异性。高素质的镜头相对要比低档镜头拍摄的照片缺陷少一些。在出现瑕疵以后，我们可以使用Lightroom中的“镜头校正”面板中的相应功能进行处理。如图4-75所示，为“修改照片”模块中的“镜头校正”面板，该面板可以处理的照片缺陷包括3个方面：校正镜头扭曲并调整透视、消除暗角、去除紫边。下面，我们通过实例来了解该面板的使用方法以及参数设置。

1. 自动校正镜头扭曲

镜头扭曲，一般发生在使用镜头广角端所拍摄的照片中。根据镜头的差异以及广角度，扭曲变形的程度有所不同。Lightroom中提供了当前市面上众多单反镜头的扭曲数据，如果我们所拍摄的照片为RAW文件，那么都可以使用自动校正镜头扭曲功能对照片进行适当的补偿。

首先，在Lightroom中导入学习本节内容所使用的实例，这是一幅由尼康单反相机所拍摄的RAW文件，以“.NEF”为文件扩展名。然后进入到右侧面板中，将“镜头校正”面板打开，如图4-76所示。

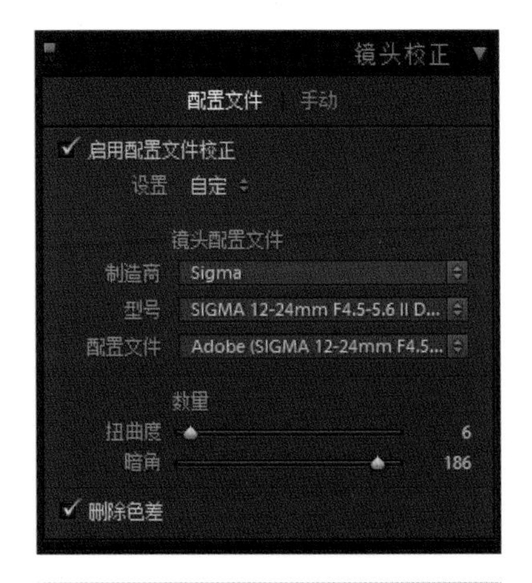

图4-75 “镜头校正”面板

图4-76 导入照片并打开“镜头校正”面板

在“镜头校正”面板下方，分别有“配置文件”和“手动”两个调整选项。由于本节实例是一幅RAW文件，它保留了拍摄时的所有原始数据，所以我们在此使用“配置文件”的选项。勾选下方的“启用配置文件校正”，下方会自动侦查当前照片所使用的相机型号、镜头类型以及自动加载配置文件，如图4-77所示。同时，观察工作区中的照片，会产生轻微的透视变化。

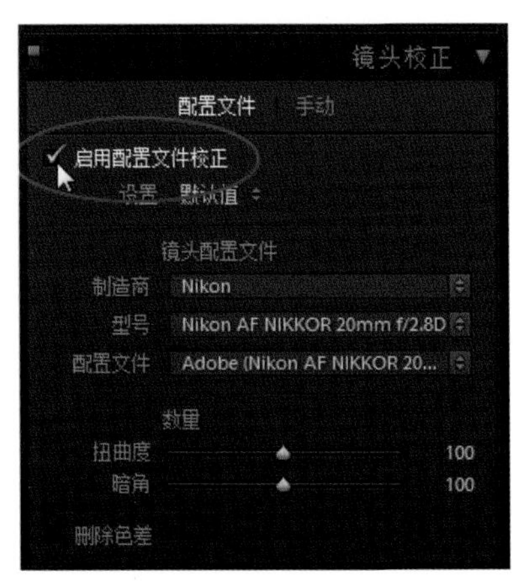

图4-77 启用自动校正功能

小技巧：扭曲变化的程度与使用的镜头以及当前设置的焦距有关：广角镜头扭曲变化大，长焦镜头扭曲变化小；同样的道理，短焦距变化大，长焦距变化小。

如果当前系统所查找的镜头或者相机类型与拍摄这幅照片所使用的器材不符，我们可以分别点击“制造商”和“型号”后面的上下箭头符号，执行菜单中的相关命令，重新为照片选定相机和器材，如图4-78所示，但是上述这种情况一般不会出现。

如果觉得软件自动调整的扭曲变化不够，可以通过拖曳下方“扭曲度”的滑块来增加变化，如图4-79所示。在拖曳的过程中，工作区中的照片上将产生网格，可以配合网格线作为基准，对照片进行微调。

图4-78 重新为照片选定相机类型

图4-79 调整“扭曲度”滑块

2. 手动校正照片透视

对于RAW格式的照片，可以直接使用Lightroom的自动镜头校正功能对扭曲进行适当补偿。对于没有元数据的照片，例如JPEG、TIFF等格式的图像，使用自动功能就显得力不从心了。下面，我们通过调整一张JPEG格式照片，为读者介绍“镜头校正”面板中的手动功能。

小技巧：手动调整不仅限于JPEG、TIFF等非RAW格式的照片，也可以对在自动校正中不满意的RAW格式照片使用这项功能。

首先，在Lightroom中导入如图4-80所示的照片，这幅照片拍摄的时候有较大的倾斜，如果使用前面介绍的“裁剪叠加”功能，则需要裁掉很多的图像元素，而通过手动镜头校正则能收到不错的效果。

图4-80 导入照片

现在，我们尝试使用自动校正功能，对照片进行调整。进入到右侧“镜头校正”面板中，将“启用配置文件校正”勾选。由于这幅照片并不是RAW格式的文件，所以软件不会自动查找拍摄这幅照片所使用的器材。如图4-81所示，菜单中所提供的几个镜头型号，并不是拍摄这幅照片所使用的器材，因此就无法再继续使用相关参数进行校正了。

下面，我们考虑使用手动功能进行设置。首先，将“启用配置文件校正”的勾选项去掉，然后单击“镜头校正”面板下方的“手动”选项，进入到手动调整选项面板中，如图4-82所示。

图4-81　导入照片并使用自动校正功能

图4-82　使用手动校正功能

在“手动”面板下，存在多种选项，可以调整照片的扭曲度、梯形失真、角度失真，以及比例失真等多种问题进行校正。分别拖曳下方5个滑块的左右极限数值，可以看到对工作区中照片的影响。

“扭曲度”用于调整照片的扭曲变化，如图4-83所示。向左拖曳“扭曲度”滑块，画幅产生桶形变化，可用于校正枕形畸变；向右拖曳“扭曲度”滑块，画幅产生枕形变化，可用于调校桶形畸变。

“垂直”用于调整照片垂直方向的透视变化，如图4-84所示。向左拖曳“垂直”

图4-83　“扭曲度”用于调整照片的扭曲变化

滑块，画幅产生上扩下缩的透视变化，可调整因仰拍而产生的透视变形；向右拖曳“垂直”滑块，画幅产生下扩上缩的透视变化，可用于调整因俯拍而产生的透视变形。

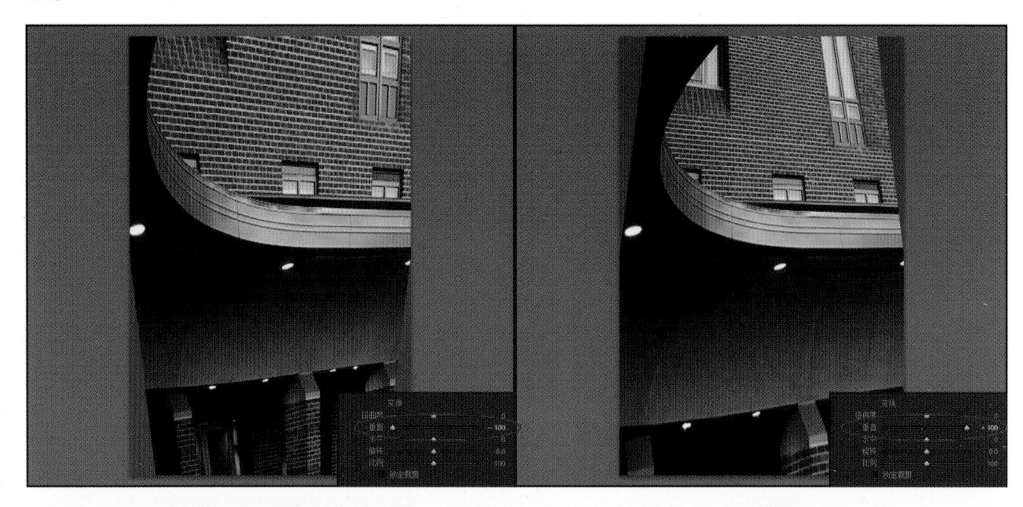

图4-84 “垂直”用于调整垂直方向的透视变化

“水平”用于调整照片水平方向的透视变化，如图4-85所示。向左拖曳“水平”滑块，画幅产生左端扩大右端缩小的透视变化，可调整因右前方斜拍而产生的透视变形；向右拖曳“水平”滑块，画幅产生右扩左缩的透视变化，可用于调整因左前方斜拍而产生的透视变形。

图4-85 “水平”用于调整水平方向的透视变化

“旋转”用于调整照片的倾斜变化，如图4-86所示。向左拖曳“旋转”滑块，画幅向左旋转；向右拖曳“旋转”滑块，画幅向右旋转。

左右移动“比例”滑块，画幅从四周向中心收缩或中心向四周扩放，如图4-87所示。当拖曳到最左端时，画幅收至50%时的最小状态，滑块移动到最右端时，画幅扩大为150%的最大状态。“比例”滑块的默认位置时100%，此时画幅为原始大小，超出100%进入扩大状态时，画质会降低，所以不建议此项数值调整超过默认比例。

图4-86　“旋转”用于调整倾斜变化

图4-87　“比例”用于控制收缩或扩展

在上述几个滑块的下方，还有一个“锁定裁剪”选项，勾选该参数以后，当画面因调整“变换”栏的各项设置，引起画幅的局部扩大、收缩、选中变化时，变回按原有的长宽比例，确保四条边在水平或垂直位置上获得最大长度，自动进行裁切，并将画面放大，使之始终以满画幅显示，如图4-88所示。读者在使用手动校正的过程中，建议这项选项始终处于勾选状态。

对于本节实例来说，读者可以参考如图4-89所示的参数进行设置，在调整这些参数的过程中，了解使用它们的先后顺序以及配合技巧。

3. 去除镜头暗角

所谓暗角，指的是照片的角点亮度弱于中心区域的现象。造成暗角的原因可能

图4-88 “锁定裁剪”的作用

图4-89 对实例进行参数设置

是滤镜或镜头遮光罩不匹配，也可能是使用了不适合于数码摄影的广角镜头。利用Lightroom的“处理照片”模块，可以非常轻松地解决这个问题。

如图4-90所示，在Lightroom中导入一幅需要调整暗角的照片，然后打开“镜头校正”面板。Lightroom处理镜头暗角可以使用自动校正，也可以使用手动校正，后者要更加灵活和方便，所以进入到“手动”模式。

在“镜头校正”面板的手动模式下，“镜头暗角”选项就是用于去除镜头暗角的相关参数，共有两个滑块，我们首先调整“数量”选项，左右拖曳滑块，边缘将以中心点为基准变暗或变亮，如图4-91所示。

图4-90　导入照片并打开“镜头校正”面板

图4-91　调整“数量”的数值

接下来，可以使用“中心点”滑块放大或缩小效果的范围，如图4-92所示。

调整前后的效果对比如图4-93所示。

通常使用“数量”和“中点”两个滑块的配合可以去除大多数照片中存在的暗角，但是如果四周暗角不对称，效果往往会不尽如人意，此时还需要借助于Lightroom中局部明暗的处理功能。另外，除了去除照片的暗角，Lightroom还可以在照片中添加暗角效果，从而营造一种特殊的艺术效果，我们将在本书的后面章节中为读者介绍。

图4-92　调整“中心点”的数值

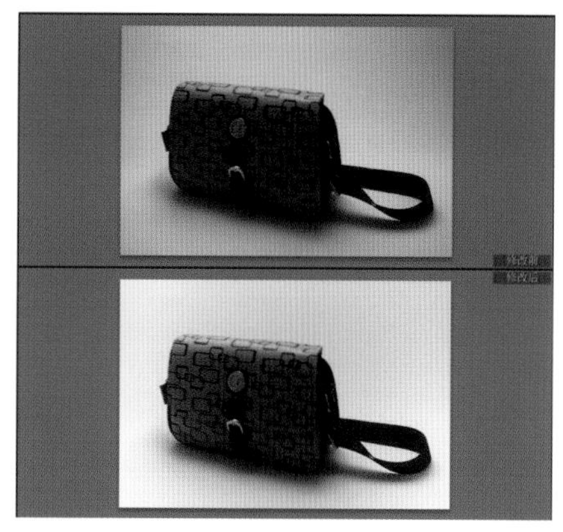

图4-93　调整前后的对比效果

4. 删除照片的“紫边”

“紫边”现象表现为反常的颜色变化，通常出现在照片外边界上包含不同边缘转换的区域中。由于光线通过玻璃传播时，不同颜色的波长将分离开，而且焦距也将出现轻微变化，所以有时会出现边缘效应。在使用广角镜头和长焦镜头时，就会出现这些现象。

如图4-94所示的是拍摄的一幅商品照片，虽然乍一看并没有“紫边”现象，但是一旦放大以后，边缘上就可以看到出现的色差。

要去除这些“紫边”，在Lightroom中很容易做到，首先需要把照片至少放大到100%，以便识别色差边缘。然后进入到“镜头校正”面板中，在默认面板的下方，有一项“删除色差”的选项，将其勾选以后，“紫边”将自动被去除，如图4-95所示。

小技巧：“紫边”并不单单指紫色边缘，有时也可能出现蓝色或者青色。

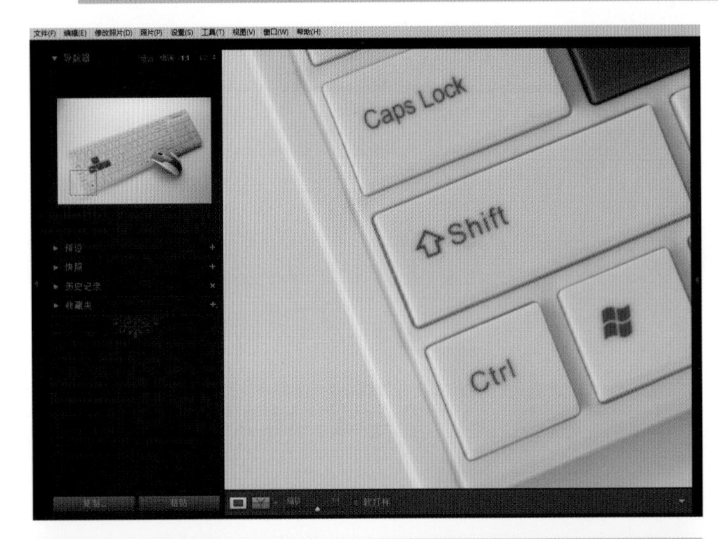

图4-94　导入照片并放大显示

图4-95　使用“删除色差”选项

幅照片看起来很暗。在此，不能将其归类于欠曝，可以认为是一张曝光正确的照片。

图5-9　缺乏对比度照片的直方图效果

图5-10　曝光正常照片的直方图效果

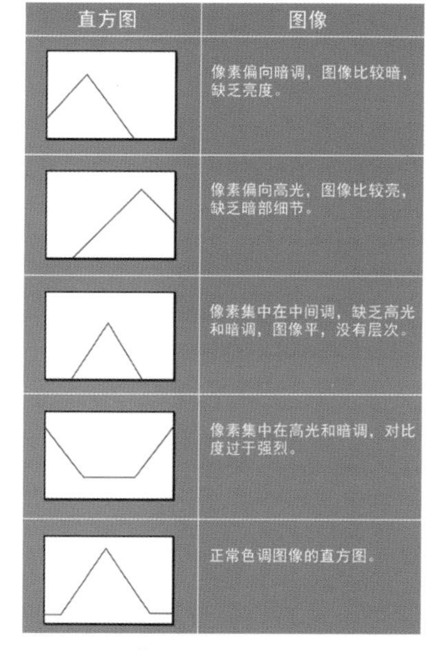

直方图	图像
	像素偏向暗调，图像比较暗，缺乏亮度。
	像素偏向高光，图像比较亮，缺乏暗部细节。
	像素集中在中间调，缺乏高光和暗调，图像平，没有层次。
	像素集中在高光和暗调，对比度过于强烈。
	正常色调图像的直方图。

图5-11　几种常见曝光情况的直方图效果

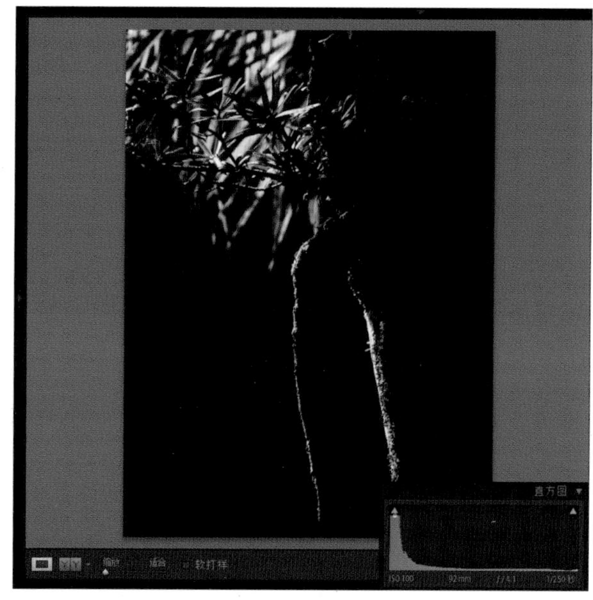

图5-12　人为减少曝光量

与上图同样的原因，如图5-13所示，为了构图需要，将被摄主体上方的多余要素用曝光排除掉，从而获得比较简洁的照片。在此，也不能将其归类于过曝，可以认为是一张曝光正确的照片。

图5-13　人为增加曝光量

5.1.2　使用直方图调整照片曝光

Lightroom中的直方图不仅仅用于查看照片的曝光，我们也可以利用直方图，对照片中简单的曝光问题进行调整。

1. 直方图与色调的对应关系

如果需要的话，可以利用直方图直接调整基本的色调设置。这时，应当把鼠标放在直方图上，向左或向右拖曳，鼠标一开始放在直方图上的位置将决定受到影响的色调设置。

Lightroom将一幅照片的色调区域分成5个部分，分别为黑色色阶、阴影、曝光度、高光、白色色阶，读者可以将“直方图”面板下方的“基本”面板打开，直方图中的这5个区域与“基本”面板中“色调”选项下的5个滑块调整参数是一一对应的关系，如图5-14所示。

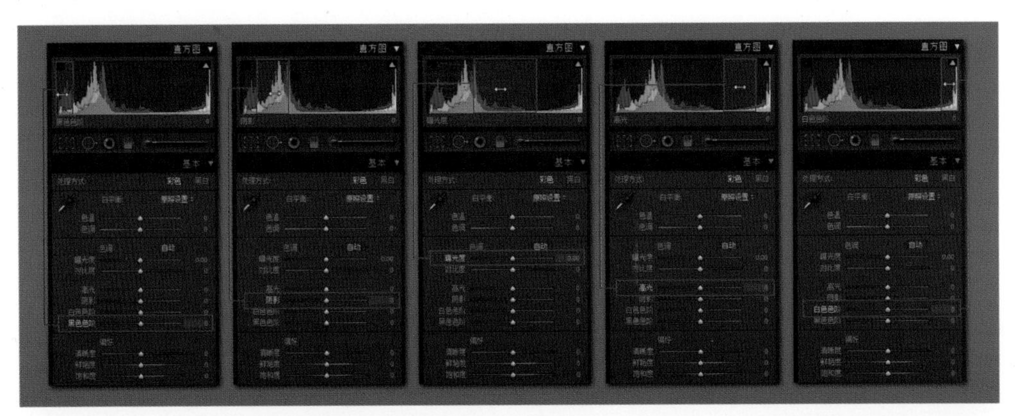

图5-14　直方图与色调参数的对应关系

实际上，我们在直方图中对这5个区域调整直方图时，下方对应滑块将同时产生参数的变化；反之，后期我们在“基本”面板中调整这些参数时，直方图上的波形曲线也随之同步产生变化。

2. 粗调曝光

下面，我们通过一个简单的实例，了解一下如何使用直方图来调整照片的曝光情况。在Lightroom中导入实例照片，如图5-15所示。从直方图中观察，这幅照片的曝光基本符合要求，但是仍然对其进行微小的调整。

首先，我们先来调整照片的总体曝光量，将鼠标放在直方图上，找到“曝光量”区域，然后向右拖曳鼠标，这样可以让照片中的曝光峰值向右移动并到达直方图的中心位置，从而适当增加照片的亮度，如图5-16所示。

图5-15　导入照片

图5-16　调整“曝光量”区域

接下来，我们感觉照片在暗调部分所占的像素较少，“黑色色阶”区域几乎没有多少像素，所以将鼠标再放在“黑色色阶”区域，拖曳鼠标向左移动，这样就增加了照片阴影区域的像素，如图5-17所示。

最后，观察直方图，我们会发现在“白色色阶”区域中像素数量显得有些多，这种情况呈现在照片中为曝光过度，因此，将鼠标放在“白色色阶”区域中，拖曳鼠标向左移动，从而适当降低照片的高光区域，如图5-18所示。

图5-17　调整“黑色色阶”区域

图5-18　调整“白色色阶”区域

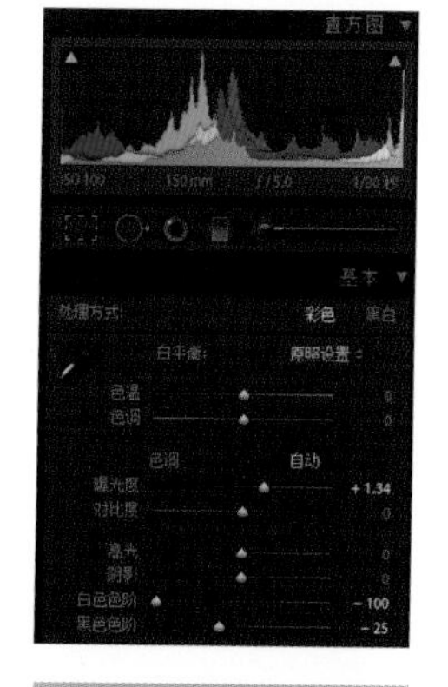

图5-19　“基本”面板中的参数变化

进入到右侧面板组中，将“基本”面板打开，从中可以看到产生变化的3个数值，它们分别为“曝光量”“白色色阶”以及“黑色色阶”，如图5-19所示。这与我们在上面所调整的直方图中的3个区域恰好产生了对应关系，所以在“基本”面板中调整这些参数也是可以的，这方面内容将在本章后面为读者介绍。

5.1.3　设置白平衡

我们拍摄的照片往往会有偏色的问题，图像的偏色是环境光的色温造成的，数码相机中设置控制色温的功能称为白平衡。在实际的拍摄过程中，难免会对白平衡的设置产生错误，从而导致照片的偏色。如果出现了偏色的情况，在Lightroom里面可以非常轻松地使用“白平衡”工具进行校正，从而让偏色的照片重新以真实的色彩呈现在我们面前。

1. 白平衡工具

一般来说，在调整其他色调分布和色彩设置以前，都应当建立正确的白平衡，这也就是Lightroom将白平衡工具放在“基本”面板顶部的原因。

在Lightroom中，导入RAW带有元数据的文件与普通图像文件时，白平衡设置是有明显差异的。如果我们处理的是RAW文件，白平衡工具会带有原始的设置数值，同时预设菜单中也将完成体现相机的原始设置，如图5-20左边所示；如果处理的是非RAW格式的文件，如TIFF或JPEG，那么将出现如图5-20右边所示的选项。

如果对同一幅照片使用不用的白平衡设置，得到的最终效果的色调也会呈现出不同的效果，如图5-21所示的就是对同一照片分别设置各类白平衡模式得到的不同效果，从中可以看到各种设置所产生的照片偏色效果。

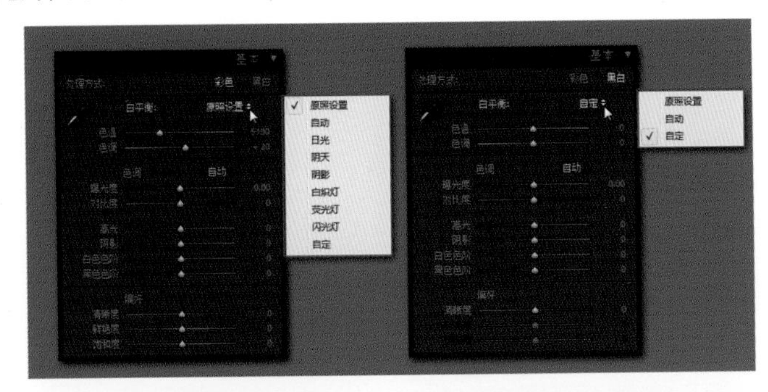

图5-20　“白平衡”工具参数区

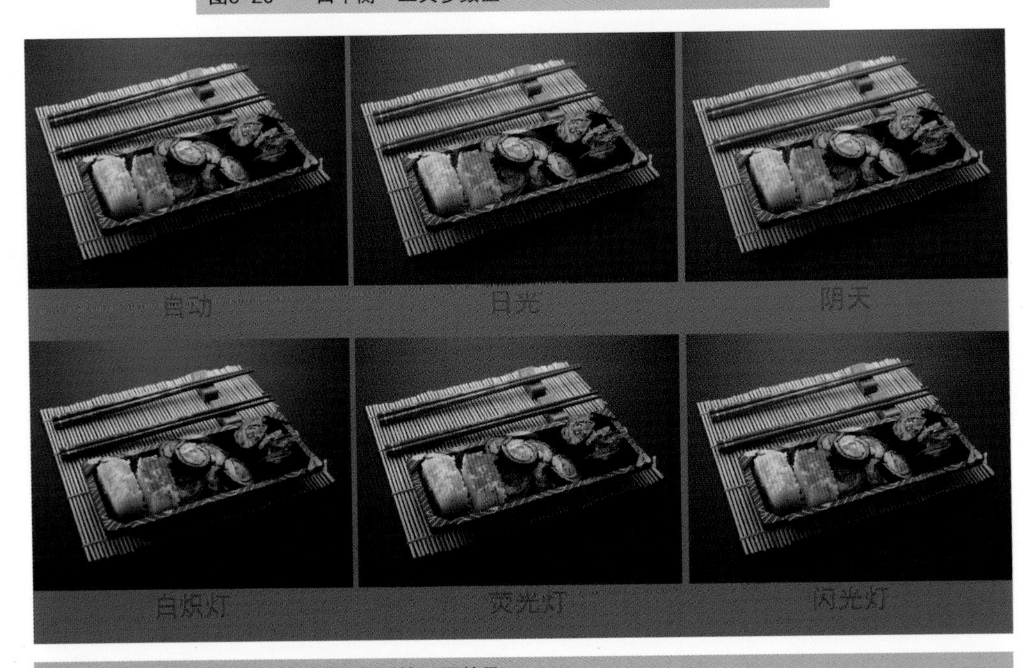

图5-21　同一照片不同白平衡模式得到的不同效果

2. 快速校正色温

首先，在Lightroom中打开学习本节内容所需要的实例，如图5-22所示。我们将用这个实例为读者介绍如何在Lightroom中调整照片的白平衡。

当前照片从视觉感官上看是有严重的偏黄，当然，这种目测的判断只是让读者有一个直观的感受，而使用Lightroom校正偏色的时候，读者可以不用判断场景到底是哪种偏色，使用接下来的“白平衡”工具就可以瞬间解决。

“白平衡”工具允许我们在场景中定义一个理想中的灰度点，这个点在拍摄环境中可以被理解为红色、绿色、蓝色（RGB）三者数值相等，当然在照片中反映出来的则不相等，这也就是导致偏色，而必须校正的原因所在。

单击“基本”面板上方的“白平衡选择器”图标，即可访问白平衡工具，它使用起来非常容易，如图5-23所示。

图5-22 导入照片

小技巧：按键盘的“W”键，可以直接使用“白平衡选择器”。

选中这个工具以后，移动鼠标到图像中应当显示中间灰色或中间白色的区域，在本节实例中，我们将这个位置设置为商

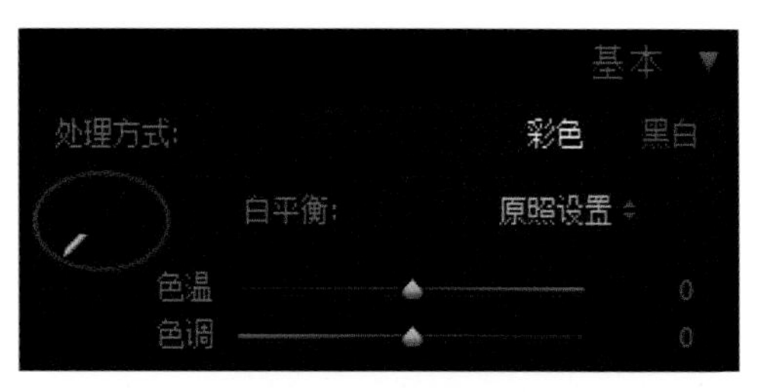

图5-23 “白平衡”工具的位置

品后面的背景纸上。这时，一个25倍像素的放大图将准确地显示采样位置，如图5-24所示，如果它没有出现，读者可以将工作区下方的“显示放大视图”选项勾选。

此外，在移动白平衡工具时，可以通过导航器窗口随时观察场景中白平衡的变化，如图5-25所示。

在得到满意的结果时，单击鼠标，即可应用新的设置。单击完成以后，场景瞬间就改变了颜色，同时右侧参数调整区中“色温”以及“色调”两项数值也跟着发生了变化，如图5-26所示。

图5-24 使用“白平衡”工具

如图5-27所示为本节实例中调整前后的对比图，在使用白平衡工具的时候，重点是如何选择理想的中性灰度点。建议在

选择的时候，都在照片的“浅色”区域使用颜色取样器，这样利用白平衡工具，都能够达到正确的白平衡。

图5-25　在导航器窗口预览白平衡变化

图5-26　使用“白平衡”修改照片后的参数变化

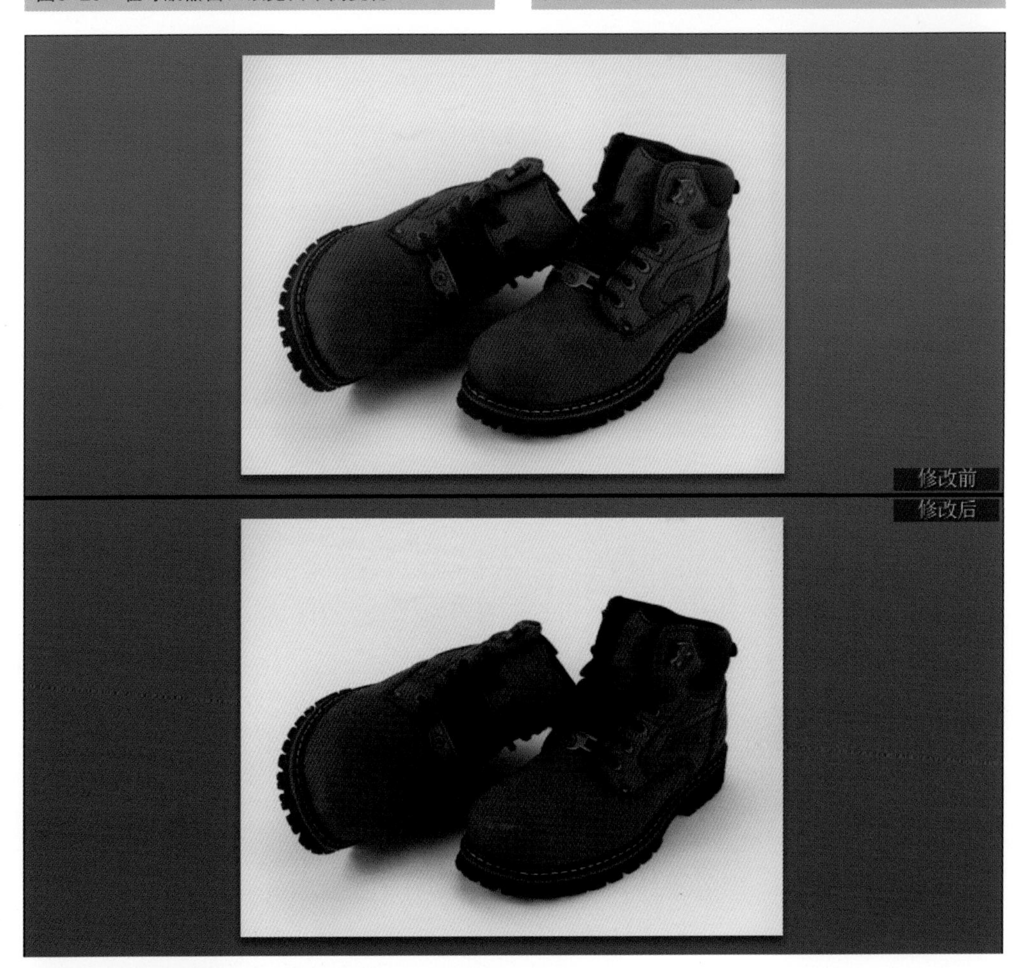

图5-27　白平衡设置前后的对比效果

5.1.4 精确调整照片色调

每幅数码照片都包含各种色调值，通过各种明暗色调值进行分布。通常，即使对于曝光正确的照片，仍然需要重新分布这些色调值，以满足审美或量化标准。在Lightroom中，我们可以使用多种方法做到。在本章前面部分，我们介绍使用直方图调整曝光。这一节，我们将对色调进行量化，通过“基本”面板中的“色调”选项处理曝光方面的问题。

1. “色调”参数控制区

Lightroom的处理工具是有系统地进行组织的，在处理照片时，大致要按照这个顺序进行。在确定了正确的白平衡以后，接下来应当处理色调值，它们位于“基本”面板的下方，如图5-28所示。整个参数控制区由6个参数构成，它们的参数调整可以直接使用滑块拖曳来完成。

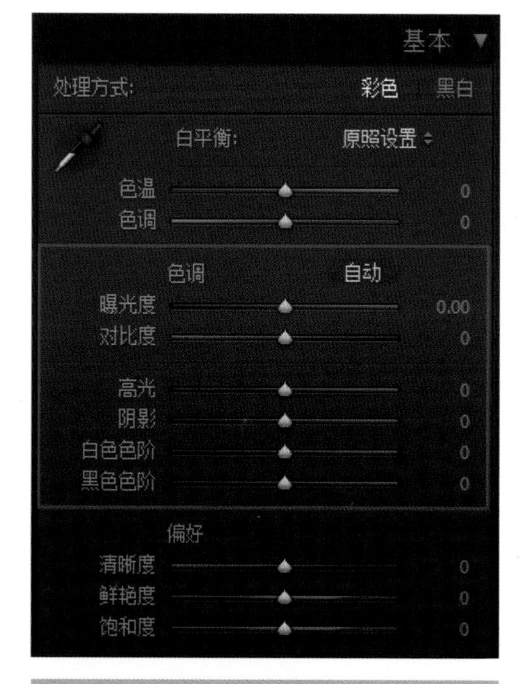

图5-28 “色调”参数控制区

曝光度：用于设置图像总体亮度。通过调整滑块，可以增加或者减少照片的曝光量，直到照片达到满意效果，并且图像达到所需亮度。曝光度值的递增与相机光圈值（光圈大小）的递增等量相当。将曝光度调整+1.00相当于使光圈值增加1。将曝光度调整－1.00相当于使光圈值减小1。此项参数相当于我们在拍摄照片时设置的曝光补偿数值。

对比度：增加或降低图像对比度，主要影响中间色调。增加对比度时，中间色调到暗色调的图像区域会变得更暗，而中间色调到亮色调的图像区域会变得更亮。降低对比度时，对图像色调产生的影响与之相反。

高光：调整图像明亮区域。向左拖动可使高光变暗，并恢复“模糊化的”高光细节。向右拖动可使高光变亮，同时最小化剪切。

阴影：调整黑暗图像区域。向左拖动可使阴影变暗，同时最小化剪切。向右拖动可使阴影变亮，并恢复阴影细节。

白色色阶：调整白色色阶剪切。向左拖动可减少高光剪切，向右拖动可增加高光剪切。

黑色色阶：调整黑色色阶剪切。向左拖动可增加黑色色阶剪切（使更多的阴影区域转变为纯黑色），向右拖动可减少阴影剪切。

2. 增加场景的曝光量

我们在实际拍摄时，最常见的问题是无法评估曝光量，这就导致了出现大量的欠曝和过曝的照片，对于这些照片的调整，首先面临的问题是如何校正一个比较理想的亮度，让观众在视觉上感受到照片色调的平衡和舒服。这一节，我们先通过一幅欠曝的照片，由浅入深地了解Lightroom中的色调调整体系。

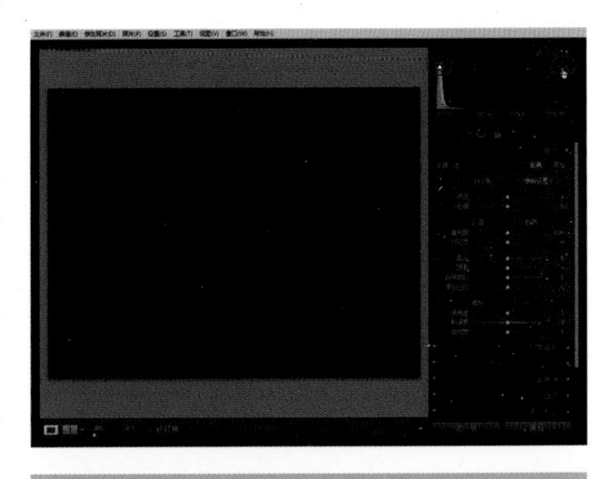

图5-29　导入照片

首先，在Lightroom中导入本节实例所需要使用的照片，如图5-29所示。

这幅照片从视觉感官上明显曝光不足，因为亮度没有得到真实的还原。从"修改照片"面板左上角的直方图上可以更加直观地感受到这一点，所有的像素几乎都集中到了直方图的左侧。下面，我们使用了Lightroom中的色调参数对其进行校正。在调整以前，建议读者将直方图上的左右"剪切"工具显示出来，从而在后期调整时随时观察场景中高光和阴影区是否存在溢出现象。

毋庸置疑，对于这样全幅曝光量都较低的照片，首先想到的肯定是调整"曝光量"参数。但是，这项参数调整多少才是理想的状态呢？如图5-30所示，将"曝光量"这项参数增加到3.5和5时，虽然都可以让场景照片的亮度提升起来，但是对比看来，后者要失去更多焦点处的细节，花瓣虽然没有达到高光溢出的极限，仍然变成一片白色，远没有增加到3.5时效果理想；另外，当照片暗部的亮度提升起来以后，噪点也随之增加，亮度越高，噪点越多。所以对于"曝光量"这项参数，在调整的时候，一定要适可而止，过大反而不利于照片细节的保留。

图5-30　使用"曝光量"调整照片

将照片中的“曝光量”适当增加以后，作为焦点位置的花瓣亮度满足要求了，但是整体场景还显得偏暗。此时可以继续增加亮度的参数仍然有很多，由于我们不能再继续提高照片亮面的亮度，所以像“高光”以及“白色色阶”这些工具都不能使用，否则会让场景过曝。那么我们就需要通过“阴影”和“黑色色阶”适当增加场景的亮度。进入到右侧“基本”面板中，将“阴影”或者“黑色色阶”滑块向右拖曳，如图5-31所示，读者也可以配合这两个滑块一起向右调整。

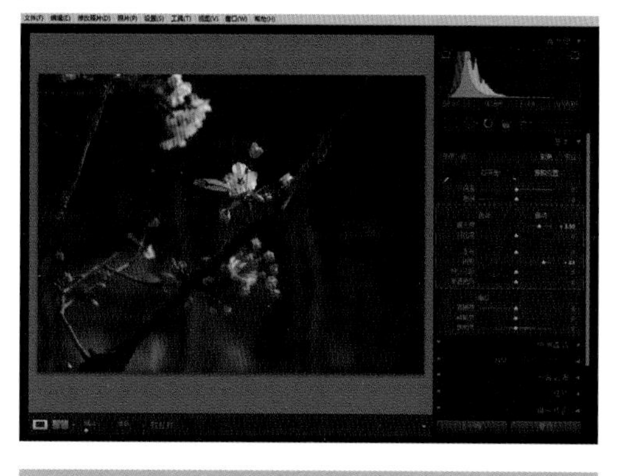

图5-31 调整“阴影”或者“黑色色阶”的参数

这样，一幅照片全局欠曝的问题基本上就校正过来了。欠曝的照片提升亮度以后，或多或少会产生噪点，可以使用上一章介绍的去除噪点的方法，对照片进行适当修饰。曝光的调整不单单是设置一项参数就可以实现的，往往需要几个参数一起配合，可以收到更好的效果。

3. 降低场景的曝光量

曝光过度同样是拍摄照片中常见的问题，一般来说，对于过曝的照片，后期调整时未必都能将亮面的细节体现出来。当照片采用RAW拍摄时，能补救的细节要多一些，因为这种格式保存了拍摄时大量的信息；而如果照片采用JPEG或者TIFF格式拍摄时，能补救的细节就要少很多了。因此，我们在实际拍摄环节中，宁可让曝光少一些，也不要让照片的亮度过高，总体来说，就是宁欠（欠曝）勿曝（过曝）。

首先，在Lightroom中导入本节实例所需要使用的素材照片，如图5-32所示，这幅照片是一幅RAW格式文件。从照片中我们可以直观地看到场景显得太亮了。造成场景过亮的原因，是因为在拍摄时以人像的脸部为测光点，而脸部是场景中最暗的部分，当该区域曝光正常以后，势必会导致其他区域曝光过度。

进入到“修改照片”模块，单击“直方图”面板上的“剪切”工具，将“显示阴影剪切”和“显示高光剪切”工具打开，尤其是后者，可以帮助我们查看当前场景中到底哪些区域存在着过曝的问题，如图5-33所示。

由于当前场景本身在前期拍摄时，所设置的曝光比较高，所以存在着整体过曝的问题，因此接下来使用“曝光量”进行调整。进入到“基本”面板中，拖曳“曝光量”滑块向左移动，以场景中不再存在高光剪切为准则，如图5-34所示。

当我们将整幅照片的亮度提升以后，图像中原来曝光正常的脸部亮度就显得有些暗了，所以现在还需要适当提升脸部以及衣服的亮度。拖曳“阴影”选项的滑块向右侧移动，如图5-35所示。通过这个参数的帮助，有利于提升照片中阴影区域的亮度，而又不影响高光区域的明暗。

4. 对逆光照片进行区域补光

在前面的学习中，我们为读者介绍了如何调整照片的全局色调，但是在有些情况

图5-32　导入照片

图5-33　打开“阴影剪切”和“高光剪切”

图5-34　调整“曝光量”的数值

图5-35　调整“阴影”的参数

中，未必需要对全幅照片校正它们的明暗，这些照片中只有一部分过曝或者欠曝，此时就应该具体问题具体分析，根据不同的亮度范围，使用不同的参数进行调整。

首先，在Lightroom中导入一幅需要处理的照片，如图5-36所示。这幅照片是一幅典型的逆光拍摄作品，这类照片在拍摄时由于都是对天空测光，所以往往会造成天空部分亮度满足要求，而其他部分呈现曝光不足的问题。下面，我们使用前面介绍的工具，对其进行适当校正。

进入到“修改照片”模块中，在“直方图”面板中，将照片的“高光剪切”和“阴影剪切”打开，如图5-37所示，这样方便我们在后期调整时对照片两个极端色域进行评估。

从图5-36中可以看出，天空部分有部分过曝。其实在风光摄影中，部分的天空过曝只要是在宽容范围内，往往被认为是可以的。当然，如果读者感兴趣，完全可以拖曳“高光”选项的滑块，将这部分过曝溢出的图像校正回来，如图5-38所示。由于只是降低了照片中高光部分的亮度，不会对其他区域的明暗产生影响。

接下来，我们要调整场景中阴暗面的亮度，它们的控制可以使用“阴影”或者“黑色色阶”来完成，读者可以单独使用其中之一，也可以将两个参数配合使用，当然后者的效果要更好一些，因为是对两个具有差异的区域分别调整，所以亮度的提升要更加协调，如图5-39所示。

图5-36　导入照片

图5-37　打开“高光剪切”和“阴影剪切”

图5-38　调整“高光”的参数

图5-39　调整“阴影”和“黑色色阶”的参数

在Photoshop中，有一项“暗部/高光”功能，其作用也是用于处理逆光状态下的区域阴影，实现的效果与本节上面介绍的方法大体相同。但是使用Lightroom处理补光的自由度更高，而处理后照片的噪点更少一些。

5. 提高照片的明暗对比

很多时候，我们拍摄出来的照片像蒙着一层雾，整幅照片感觉不透彻。出现这种情况，主要是由场景光线造成的，也有与相机拍摄过程中的参数设置有很大的关系，我们将这种情况称为对比度不够。所谓对比度，是画面高光与阴影的比值，也就是从高光到阴影的渐变层次。比值越大，从高光到阴影的渐变层次就越高，从而色彩表现越丰富。

对于使用数码相机拍摄出来的照片，我们可以使用“基本”面板中的一些工具进行适当的后期处理，下面来简要介绍以下处理的过程。

首先，在Lightroom中导入学习本节实例所需的素材照片，如图5-40所示。这幅照片就出现了上述问题，由于拍摄参数设置不当，光线不是很充足，导致照片看起来灰蒙蒙的。接下来，考虑使用Lightroom中的相应功能对其进行处理。

在Lightroom中，处理这种问题的可选方案有很多。我们首先使用“对比度”滑块来完成调整。进入到“修改照片”模块中，打开“基本”面板，然后拖曳“对比度”对应的滑块向右进行移动，在移动的过程中，我们会发现照片的明暗变化非常明显，亮面更亮，而暗面更暗了，如图5-41所示。

如果读者对“对比度”调整的力度不满意，还可以使用其他参数。实际上， 所谓“对比度”就是让照片中的高光部分更亮，让阴影部分更暗，所以也可以使用“白色色阶”和“黑色色阶”这两项参数配合，除了可以实现“对比度”的调整效果，甚至可以让明暗的对比更加强烈。

图5-40　导入照片

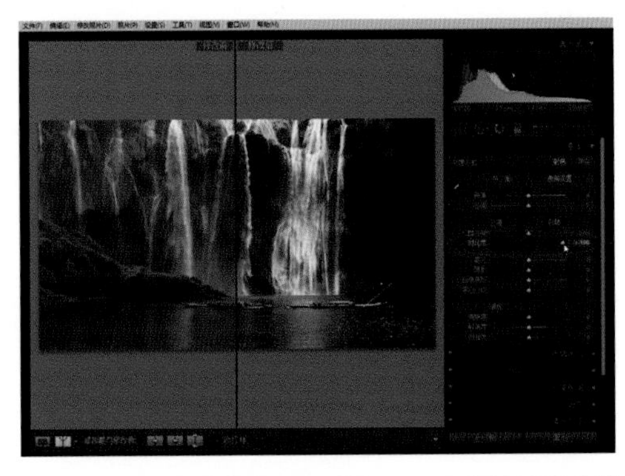

图5-41　调整“对比度”的参数

现在我们将前面调整的“对比度”参数恢复原始状态，然后拖曳“白色色阶”的滑块向右移动，增加场景中亮面的亮度；然后再拖曳“黑色色阶”的滑块向左移动，降低场景中暗面的亮度，此时场景中亮度变化比使用“对比度”调整更加明显，如图5-42所示。

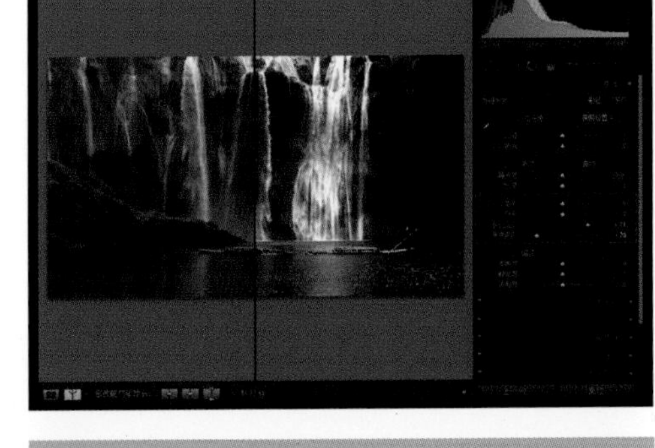

图5-42　调整“白色色阶”和“黑色色阶”的参数

小技巧：在“修改照片”面板中，如果要想让调整过的参数恢复原始状态，可以将滑块拖曳移动到原始位置，或者输入滑块后边的数字，最快捷的方式是双击该滑块。如果想让“修改”面板中一组参数恢复原始状态，例如“色调”参数，可以按住键盘的“Alt”键，此时“色调”选项将变成“复位色调”，鼠标单击“复位色调”即可。

6. 综合调整照片的色调

前面为读者介绍了“色调”区域的各部分参数的功能，在拍摄的照片中，前述的问题往往集中出现，因此需要配合这些参数来完成调整。

首先，在Lightroom中打开范例照片，如图5-43所示。在这幅照片中，拍摄者为了将天空体积光清晰地体现出来，有意降低了照片的曝光，从而造成场景的整体曝光过暗。下面，我们使用前面介绍的各种参数，将这幅照片恢复成正常的曝光状态。

接下来，进入到“修改照片”模块中，打开“直方图”面板和“基本”面板，然后单击“直方图”面板上的“显示高光剪切”和“显示阴影剪切”工具，如图5-44所示。

图5-43 导入照片

图5-44 打开“高光剪切”和“阴影剪切”

从图中可以看出，天空光的中心位置有些过曝，但是这并不影响场景的整体亮度不足。所以我们需要适当增加场景的曝光量。进入到“基本”面板中，拖曳“曝光量”滑块向右侧移动，为场景适当增加曝光，如图5-45所示。“曝光量”的数值大小以能够看到天空投射下来的体积光为宜，数值太低会导致场景亮度值不够，太高的话会导致天空光效果不明显。

由于场景曝光的提高，天空中过曝的面积又增加了，所以下面考虑去除过曝的部分。进入到“高光”选项中，拖曳“高光”对应的滑块向左进行移动，一边调整，一边观察工作区中的高光剪切，直到消失为止，如图5-46所示。

图5-45 调整“曝光量”的参数

图5-46 调整“高光”的参数

下面，我们需要让“油菜花田”的亮度有所提升，毕竟这部分也是画面构图的重要组成。进入到“阴影”选项中，拖曳其滑块向右移动，如图5-47所示。当然，如果读者觉得亮度不够，也可以适当增加“黑色色阶”选项的参数。但是提高“黑色色阶”参数的风险也十分明显，它会让照片中的噪点急剧增加。

最后，我们可以适当为场景增加一些对比度。进入到“对比度”选项中，拖曳其滑块向右移动，并观察场景中高光区和阴影区亮度的变化情况，如图5-48所示。

这样，我们就完成了这幅照片的色调调整任务，原始照片与最终效果的对比如图5-49所示。

由于拍摄环境中的光线瞬息万变，相机参数差别较大，每幅照片出现的问题不会完全一样，所以应该针对不同照片出现的不同问题，有的放矢地进行解决，切忌套用固定的模式，灵活的后期色调调整才是掌握规律的关键所在。

图5-47 调整“阴影”的参数

图5-48 调整“对比度”的参数

图5-49 色调调整前后的对比效果

5.1.5 设置照片的清晰度

Lightroom中的“清晰度”选项是一个重要的功能，这个参数用于提升或者降低照片中间色调的对比度，无论是风光、建筑以及人像照片，都可以使用该参数获得惊人的效果。下面，我们通过两个实例了解该参数的使用。

1. 让建筑照片更有活力

首先，我们使用一幅建筑类照片为读者介绍清晰度的一种使用方法。在Lightroom中导入如图5-50所示的照片。在“修改照片”模块中，将照片放大为1：1显示。

接下来，进入到“基本”面板中，拖曳“清晰度”下方的滑块，将滑块向右侧进行移动，如图5-51所示。当增加“清晰度”的时候，照片的中间色调会更加锐利，显得通透。通常来说，将这项参数设置为+50到+75将会收到理想的效果。如果将此项参数设置为+100的话，往往会在照片中主体边缘出现暗红色。

图5-50 导入照片并放大

图5-51 调整“清晰度”的参数

如图5-52所示为使用“清晰度”前后的对比效果，从图中可以看出，当为场景中照片增加“清晰度”以后，照片中的草地以及风车的转轮层次要更加鲜明，对比度要更加明显。

2. “清晰度”与“锐化”两者的区别

从上面的实例可以看出，“清晰度”与本书前面章节中所介绍的“锐化”有些相似，两者都可以通过参数的设置改善照片的清晰度。但是，读者需要清楚的是，两者对照片中像素的调整是有天壤之别的。“清晰度”调整的是中间色调的对比度，而“锐化”是对照片中明暗交汇处像素的对比度进行调整。

下面，我们仍然使用上一节的实例，了解两者的区别。首先打开“修改照片”模块下方的“照片显示窗格”面板，然后在上一节使用的建筑照片上单击鼠标右键，在弹出的菜单中执行“创建虚拟副本”命令，如图5-53所示。

接下来，确定当前照片为“副本_1”这个文件，进入到右侧“基本”面板中，将“清晰度”这项参数重新设置为0，如图5-54所示。我们将对这个副本应用锐化，然后对比该文件与前面调整过“清晰度”的文件之间的差异。

将照片以1：1比例放大，然后进入到右侧“细节”面板中，对该副本进行锐化操作，分别调整“锐化”下方的“数量”“半径”以及“细节”3个参数，如图5-55所示。为了对比明显，在此可以适当将“半径”一项参数设置得大一些。

现在，我们就可以对比照片显示窗格中的两幅照片了。将两幅照片一起选择，然后进入到“图库”模块中，选择使用“比较”视图，并且将两幅照片以1：1的比例放

图5-52 调整“清晰度”前后的对比效果

图5-53 创建虚拟副本

图5-54 将“清晰度”重新设置为0

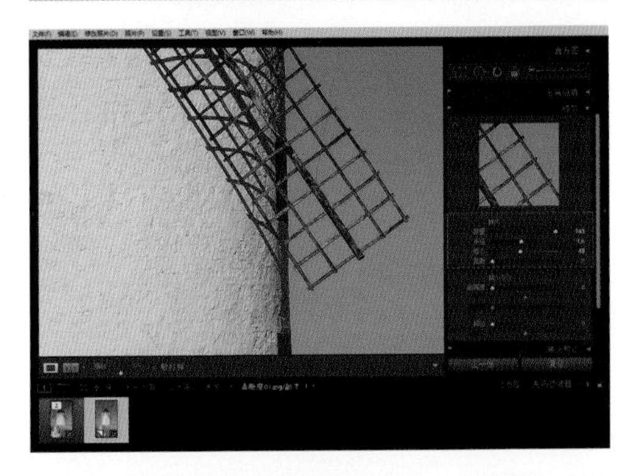
图5-55 设置“锐化”的参数

大，我们截取风车中的转轮部分进行观察，如图5-56所示，其中左侧为“清晰度”调整的效果，而右侧为“锐化”调整的效果。从中可以感知两者的具体差别。

图5-56 比较两幅照片

3. 让人像照片更加柔美

增加“清晰度”这项数值，可以提高照片画面里面中间色调的对比度；反之，如果减少这项数值，则会降低中间色调的对比度，这样会让照片产生柔光的效果，在人像照片中，尤其对大面积皮肤的图像有极大的帮助。

首先在Lightroom中导入范例照片，如图5-57所示。这是一幅侧面人像照片，当我们将照片适当放大以后，会明显看到人物脸部上面的凹凸起伏。对于女性或者儿童摄影来说，应该尽量让脸部的皮肤看起来光滑。

进入到“修改照片”模块中，并打开“基本”面板。下面，我们反向调整“清晰度”这项参数，拖曳滑块向左移动，在移动的过程中观察场景，人像的脸部会逐渐趋于光滑，如图5-58所示。人物脸上的凹凸不平，从色调上可以理解为高光和阴影面的对比过大，前面我们曾经说过，减少“清晰度”的数值，实际上是降低中间色调的对比度，这样也就是将这些瑕疵覆盖掉了。

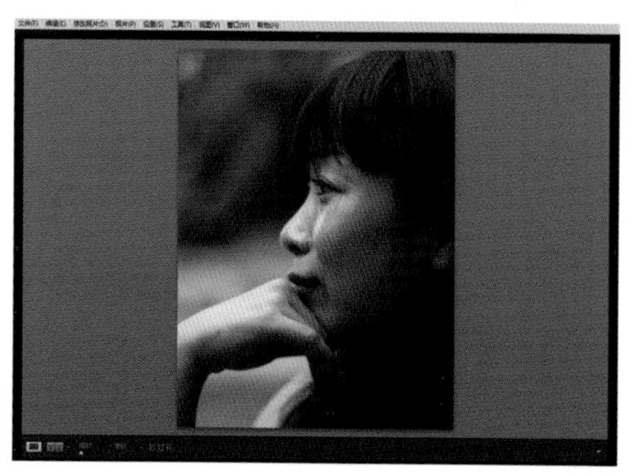

图5-57 导入照片

图5-58 调整“清晰度”的参数

如图5-59所示，我们可以对比一下使用“清晰度”参数前后的效果，从中可以看到比较明显的差别。在使用“清晰度”这项参数的时候，尽量不要将减少调整到极限，否则会失掉应有的细节，让人像的脸部五官缺乏明显的边界。

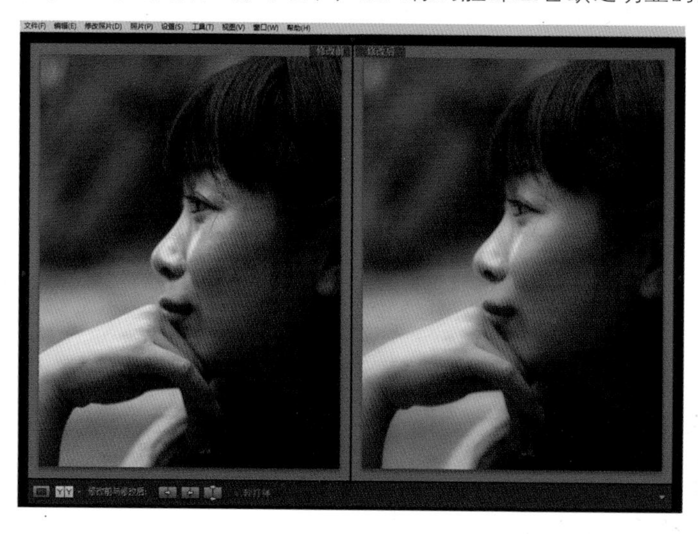

图5-59 调整前后的对比效果

5.1.6 调整色彩的艳丽程度

上一节介绍了如何使用“清晰度”改善照片的显示效果，在这项参数的下方，还有两个参数，分别为“鲜艳度”以及“饱和度”，这两个控件都可以增加或减少色彩强度，但它们的调控方式有很大差异。下面我们通过两个具体事例，了解这两个参数的适当用途。

1. 调整色彩的饱和度

“饱和度”滑块对照片中的所有颜色进行全局处理。在某些情况下，其效果非常理想。首先在Lightroom中导入一张照片，如图5-60所示。这幅照片拍摄于傍晚，本来想营造一种夕阳西下时光线洒在墙壁上的效果，但是由于曝光原因，没有很好地表现出这种感觉，所以我们考虑为场景增强一下颜色的饱和度。

确定当前处于“修改照片”模块中，进入“基本”面板中，拖曳“饱和度”下方的滑块向右移动，随着数值的增加，注意观察工作区中照片的色彩会逐渐变得鲜艳，如图5-61所示。

图5-60 导入照片

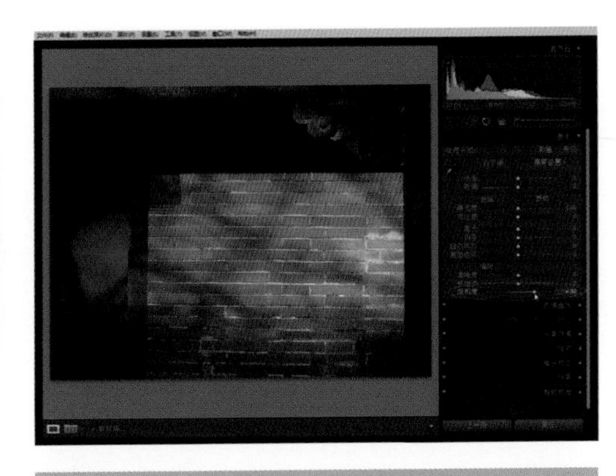

图5-61 调整“饱和度”的参数

如图5-62所示为“饱和度”修改前后的对比效果，在上述参数调整的过程中，尽量不要将“饱和度”这项参数调整到过高，否则照片上可能会产生颜色的溢出，显得太假。

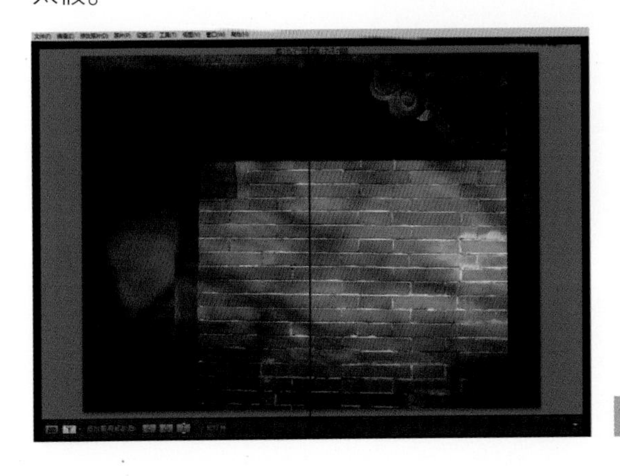

图5-62 “饱和度”调整前后的对比效果

2. 处理人像照片的鲜艳度

上一节介绍的“饱和度”这项参数用于对整幅照片中所有色调进行调整，缺乏智能化，处理一般的风景照片比较理想，但是在调整带有人物肖像的照片则有些欠缺。我们在Lightroom中导入一幅带有人像的风光照片，如图5-63所示。

这幅照片中人物的曝光是准确的，色彩也是满足要求的，但是我们还想让天空以及大海显得更蓝，下面首先考虑使用“饱和度”这项参数进行适当调整，拖曳“饱和度”对应的滑块向右移动并观察场景，风景中的色彩逐渐饱满，但是人物的皮肤也随着“饱和度”的调整而呈现出色彩溢出的现象，如图5-64所示。

图5-63 导入照片

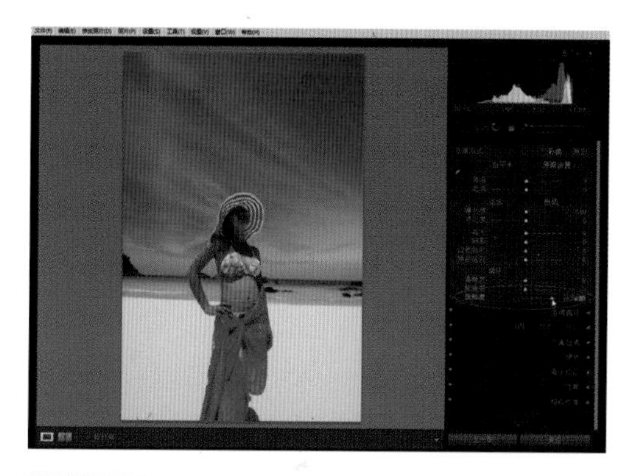

图5-64 设置“饱和度”的参数

如果需要增加或减少图像中原色区域的饱和度，同时不影响合成色阴影区域，例如皮肤色调时，调整“鲜艳度”要比“饱和度”更加理想。下面将“饱和度”一项参数重新设置为0，然后拖曳“鲜艳度”对应的滑块，向右移动以增加色彩的艳丽度，如图5-65所示。由于皮肤色调不是原色，所以无论皮肤是什么颜色，“鲜艳度”几乎都不会影响皮肤颜色。

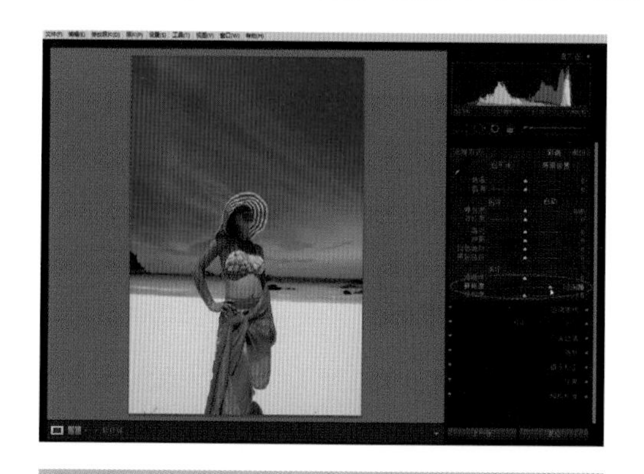

图5-65 调整“鲜艳度”的参数

如图5-66所示为“鲜艳度”修改前后的对比效果。“鲜艳度”滑块并非只适用于肖像，它还可以用于其他类型的照片，往往也能收到不错的效果。

无论是“饱和度”还是“鲜艳度”都只是对全幅照片进行色调的修正，智能化水平不理想。如果想细化到某种颜色的饱和度修改，则需要借助于本章后面要介绍的一些区域调整功能来完成。

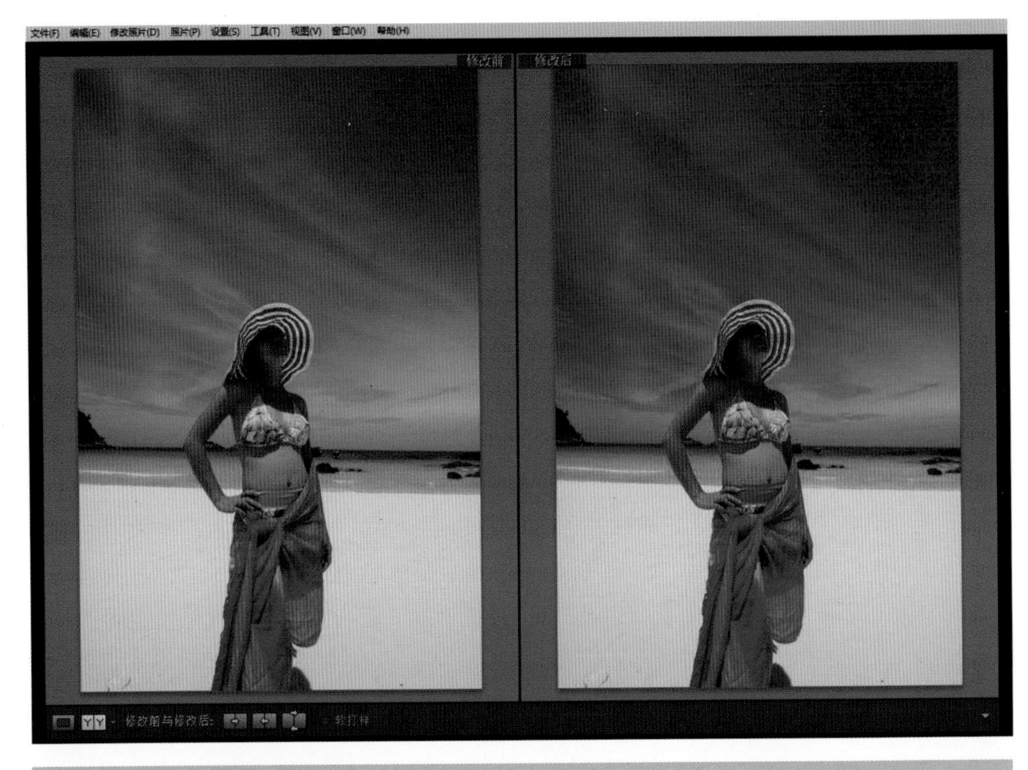

图5-66　调整“鲜艳度”前后的对比效果

5.1.7　微调照片的色调

在使用“基础”面板完成主要的色调调整以后，我们还可以对照片进行微调。在Lightroom中，对照片色调微调可以使用“色调曲线”来完成。

图5-67　“色调曲线”面板

1. “色调曲线”面板

Lightroom中的“色调曲线”面板与Photoshop中的曲线功能一样，它使用横轴表示像素的原始强度值，竖轴表示新的色调值，如图5-67所示。

利用Lightroom的色调曲线，可以有选择地处理4个区域的亮度分布：高光、亮色调、暗色调、阴影。“色调曲线”中提供了多种调整的方式，用户不必在曲线上设置多个点，然后把曲线拖曳到需要的位置。控制这些值时，可以利用鼠标或上下箭头键直接用曲线进行控制；或者利用滑块控制；或者使用目标调整工具直接从照片中进行控制。另外还有预置点曲线：线性、中对比度或者强对比度。

首先，我们可以直接通过曲线本身来控制。把鼠标指针放在曲线上以后，曲线上将出现一个点，曲线底部出现的参数对应于4个色调滑块和受影响的区域。向上拖曳曲线，与该区域相关联的色调将变亮，如图5-68所示；向下移动鼠标指针，与该区域相关联的色调将变暗，如图5-69所示。

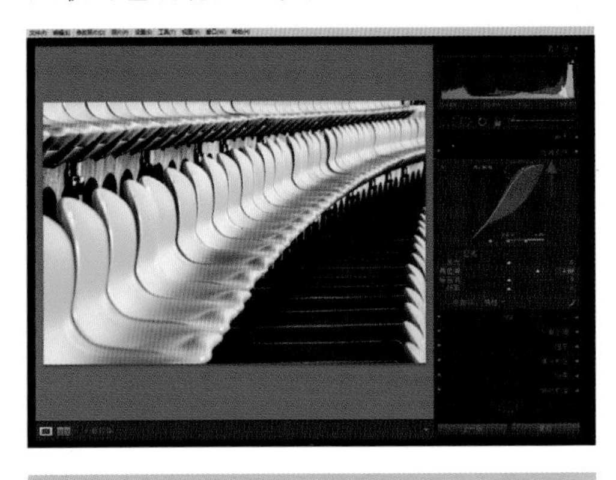

图5-68　向上拖曳曲线让画面变亮

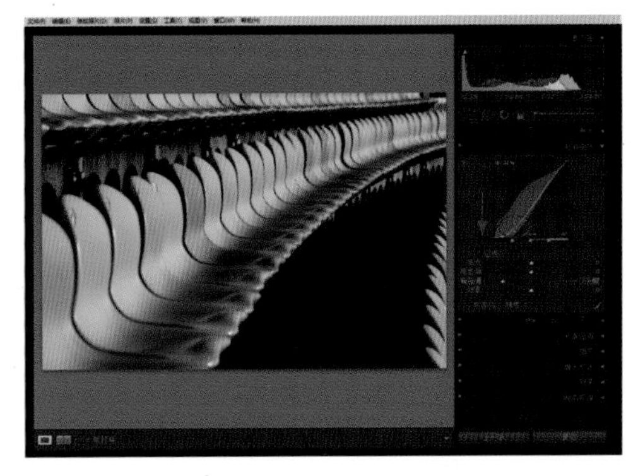

图5-69　向下拖曳曲线让画面变暗

在拖曳的过程中，所对应的滑块也将相应地移动。除此之外，将鼠标放在曲线上时，使用键盘的上下箭头也可以移动曲线。由于曲线与下方参数滑块是一一对应的关系，所以调整滑块一样可以让曲线发生变化，得到的场景效果是完全相同的。

小技巧：在用方向键上下移动时，每次调整的步长为 5，若是移动的同时持续按下“Shift”键，步长则加大到20；而持续按下“Alt”键时，步长缩小到1，可以更加精细地调整。

在曲线图的底部，有3个三角形，我们可以使用这3个分割点进行更多的控制。沿水平方向左右移动这些三角形可以控制给定色调范围的宽度，如图5-70所示。

“色调曲线”面板提供了一个目标调整工具，它能够让用户直接在照片上通过拖曳鼠标实现该区域的色调变化。目标调整工具位于“色调曲线”面板的左上角。单击这个工具，目标周围将出现一个向上和向下的箭头，如图5-71所示。

把鼠标移动到照片上，放在其中的色调需要调整的区域上，如图5-72所示。向上移动将使工具附近区域的色调值变亮；向下移动将使这些区域变暗。在直方图中，可以观察到对应的移动。达到满意的效果后，可以把鼠标移动到另一个区域，调整其他色调值，然后继续进行调整，直到满意为止。

在“色调曲线”面板的最下方，用于设置预置点曲线以及曲线自由编辑调整工具，如图5-73所示。

预置点曲线一共提供了3种模式，即线性、中对比度、强对比度。如果当前编辑的照片为JPEG或者TIFF文件格式，默认使用的是“线性”预设方式，而如果处理的是RAW格式文件，则显示的是“中对比度”预设方式。当我们使用“色调曲线”调整照片以后，可以选择一种预设模式，然后在此基础上对曲线进行微调。

单击预置点曲线后边的“编辑点曲线”按钮，用于决定是否开启自由编辑曲线模

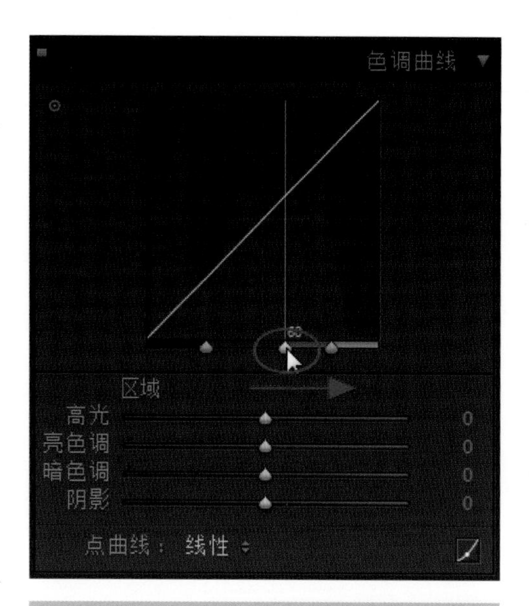

图5-70 移动分割点控制色调范围的宽度

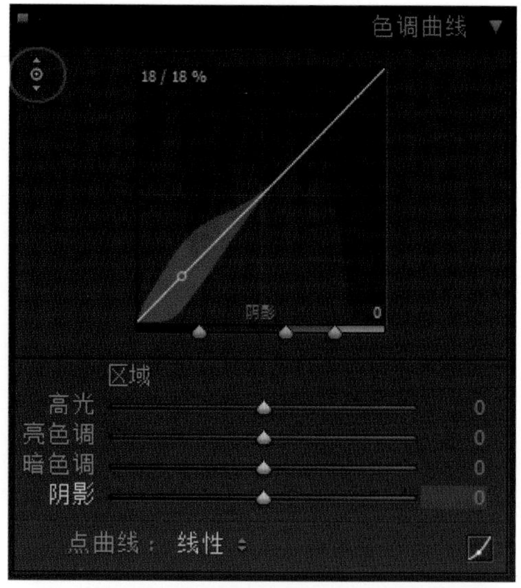

图5-71 目标调整工具的位置

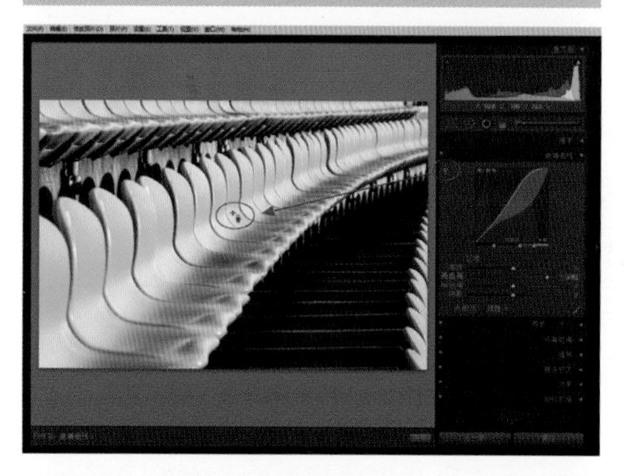

图5-72 使用目标调整工具

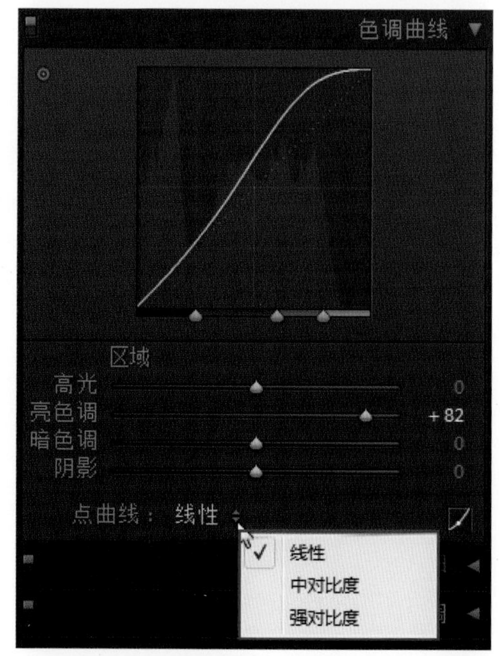

图5-73 设置预置点曲线的类型

式。单击该按钮以后，参数滑块区消失，伴随而来的是曲线的高级调整方式。当选择“线性”预设模式时，曲线的编辑与之前没有太大变化；而如果选择的是“中对比度”或者“强对比度”时，曲线将由几个控制点构成，用户可以通过调整各个控制点来改善工作区中照片的色调，如图5-74所示。

编辑完成以后，再次单击“编辑点曲线”按钮，面板将回复到原始状态。由于缺乏参数的支持，而且曲线移动的范围很容易超出其对应的界限，这样容易导致照片的欠曝和过曝，所以没有太多把握的话，不建议读者使用这种编辑曲线模式。

在曲线编辑完成以后，如果觉得编辑效果不理想，可以按键盘的“Alt”键，从而让面板中的“区域”变成“复位区域”按钮，让照片回复原始状态；也可以在曲线窗口中单击鼠标右键，在弹出的菜单中，有多种重置和复位选项可供选择；同时，单击面板左上角的“启用/禁用”开关，可以观察使用曲线调整前后的对比效果，如图5-75所示。

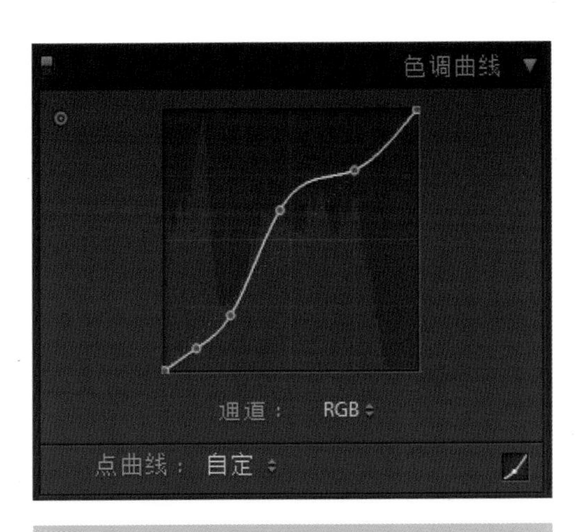

图5-74　编辑色调曲线

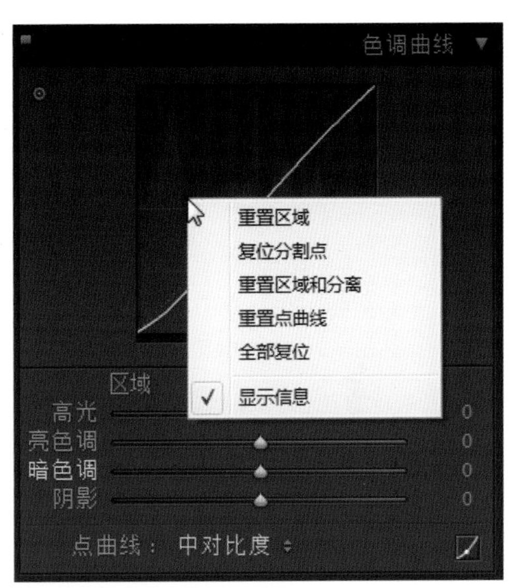

图5-75　右键菜单用于重置和复位

2. 微调照片的对比度

Lightroom的“基本”面板中也提供了“对比度”调整的功能，不过只能对全幅照片进行粗调，如果想细致地设置对比度，使用“色调曲线”面板要显得更加理想。

首先，在Lightroom中导入本节实例照片文件，如图5-76所示。这幅照片拍摄时的天气不是很理想，所以照片好像蒙着一层雾，缺乏通透的质感。下面，我们考虑使用“色调曲线”面板调整这幅照片的对比度。

接下来，在右侧面板中，关闭“基本”面板，打开“色调曲线”面板。我们首先为这幅照片指定一个曲线预设，进入到面板最下方，单击“点曲线”后面的小三角，在弹出的菜单中执行“强对比度”命令，此时观察场景中照片，已经有比较明显的变化了，同时曲线窗口中也不再是直线效果，略微有些弯曲，如图5-77所示。

我们可以根据所处理照片的具体情况选择使用“中对比度”或者“强对比度”，但是只使用预设未必能对较小明暗差别的照片产生好的效果，例如本节实例中的照片，所以还需要手动调整。进入到曲线窗口中，分别调整“亮色调”以及“暗色调”区域对应的曲线，将“亮色调”曲线拉高，“暗色调”曲线降低，加大两者的对比度，如图5-78所示。

使用上述同样的方法，再调整“高光”以及“阴影”区域的亮度对比，如图5-79所示。在调整的过程中，也可以直接拖曳滑块移动的方向来设置对应的参数，或者直接使用目标调整工具在工作区中进行亮度的实时调整。

图5-76　导入照片

图5-78　调整“亮色调”和“暗色调”

图5-79　调整“高光”和“阴影”区域

图5-77　使用“强对比度”模式

最终效果与最初效果的对比如图5-80所示。使用“色调曲线”面板调整照片对比度的时候，切忌只对“高光”和“阴影”进行调整，这样照片的色调会显得突兀；最好是针对4个区域的变化都进行微小的参数设置，这样调整后的照片才能在色调上显得更加协调。

图5-80　调整前后的对比效果

5.2 不同颜色区域的色调调整

在本章前面的部分中，我们介绍了如何对一幅照片进行全局色调调整，这些调整工具都是用于整幅照片的。但是，在日常照片的后期处理中，很多时候我们需要对照片中某一个部分进行处理，例如某种颜色或者某个区域，这种情况下，前面介绍的功能就力不从心了。这一节，我们首先来了解如何处理单独的某种颜色区域的色调。

5.2.1 “HSL/颜色/黑白”面板

我们可以利用“HSL/颜色/黑白”面板调整照片中单独颜色区域的色调，更改其色相、饱和度以及亮度。即使以前不了解这方面的知识，也可以灵活自如地进行色彩控制。

“HSL/颜色/黑白”面板位于“修改照片”模块的右侧面板组中，“色调曲线”面板的下方，将该面板打开，首先看到的是3个选项：HSL/颜色/黑白，如图5-81所示。“HSL”和“颜色”产生相同的结果，只是组织方式不同而已，后面我们会有详细的介绍。“黑白”选项卡不在本章内容讲解范围内，我们将在下一章中为读者介绍。

1. “HSL”选项卡

首先默认出现在“HSL/颜色/黑白”面板中的是“HSL”选项卡，如果它没有呈现默认状态，读者可以单击面板上方的“HSL”按钮，将当前面板切换为该选项，如图5-82所示。

图5-81 “HSL/颜色/黑白”面板的位置

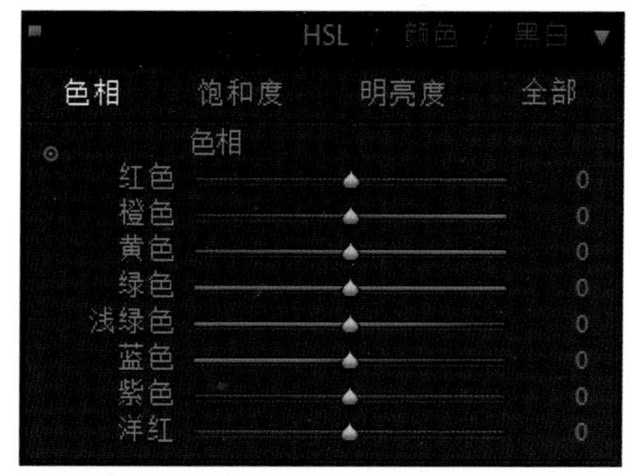

图5-82 “HSL/颜色/黑白”面板

在该选项卡下，一共有3项参数可供调整，它们分别为色相、饱和度、亮度。

色相（Hue）：用于改变指定的颜色。例如左右移动“红色”滑块，只把照片中的红色改变为另外一种颜色。

饱和度（Saturation）：用于改变指定颜色的鲜艳度或纯度。例如，向右移动“绿色”滑块，可以降低绿色的饱和度。向左移动“红色”滑块，可以增加红色的饱和度。

亮度（Luminance）：用于改变指定颜色的亮度。

如果选择“全部”，那么右侧面板将出现所有色彩范围的色相、饱和度和亮度，如图5-83所示。如果屏幕较小的话，必须上下滚动才能看到全部内容。

2. “颜色”选项卡

单击“HSL/颜色/黑白”面板顶端的“颜色”以后，将出现如图5-84所示的“颜色”选项卡，这时我们可以选择要处理的颜色，然后调整这种颜色的色相、饱和度以及亮度。在此调整与前面“HSL”选项卡中完全一样。

与“HSL”选项卡一样，这时同样可以选择“全部”选项，让所有颜色的调整参数都在面板上显现出来，整个面板也会变得很长，如图5-85所示。

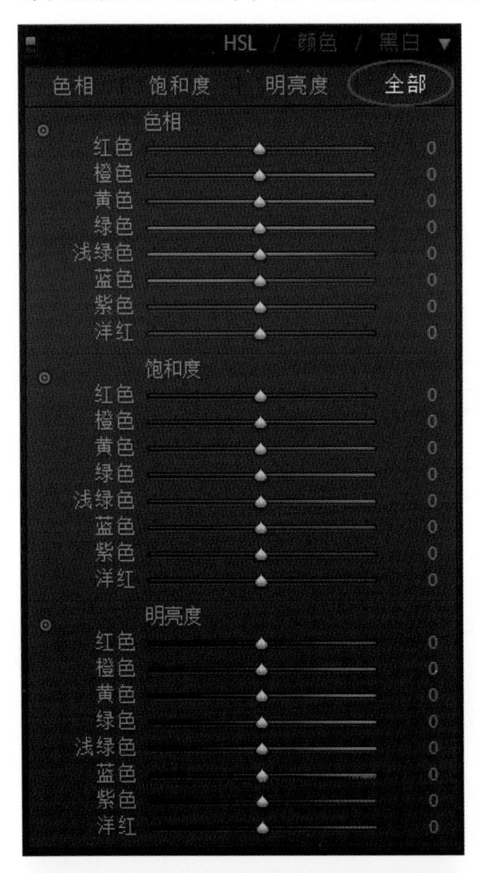

图5-83 “HSL”的全部选项模式

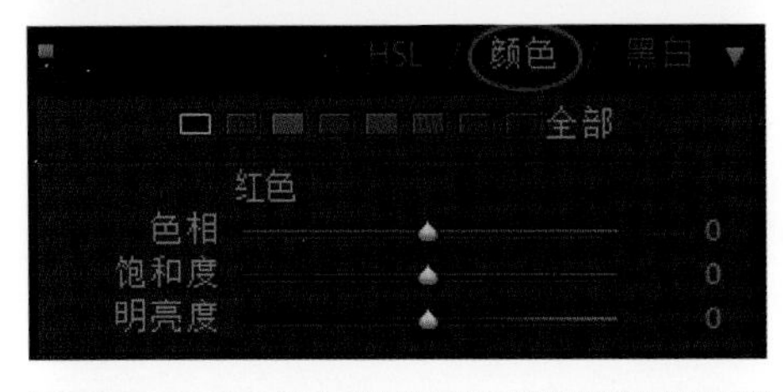

图5-84 “颜色”选项卡

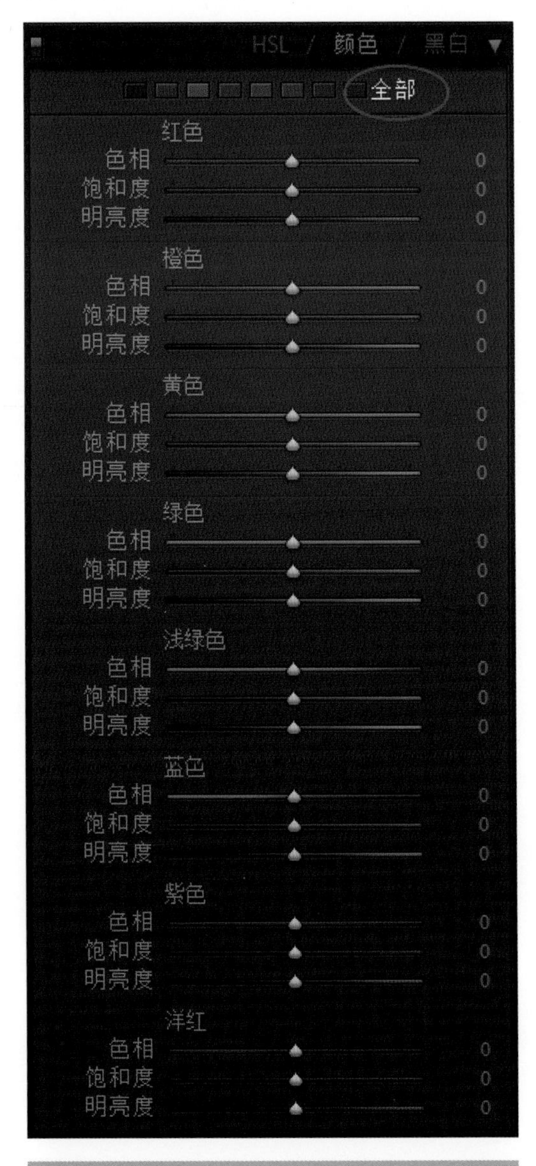

图5-85 “颜色”的全部选项模式

3. 目标调整工具

“HSL/颜色/黑白”面板中提供的只是几种常见颜色，在实际的照片处理时，很多初学者不知道具体颜色的名称，或者不知道要处理的颜色是由哪几种颜色构成的，不过没关系，Lightroom提供了功能强大的目标调整工具。

在“HSL”选项卡下，单击面板左上角的目标调整工具，把鼠标放在工作区中照片的某一种颜色上，单击鼠标，上下拖动，就可以实现该种颜色的变化，如图5-86所示。在稍后的介绍中，我们将使用实例为读者讲解这个工具的使用。

小技巧：需要注意的是，目标调整工具只存在于“HSL”选项卡中，“颜色”选项卡并不提供这个工具。

与前面介绍的其他面板相同，当照片处理完成以后，按下键盘的“Alt”键，可以将操作的所有参数复位，单击面板左上角的“禁用”按钮，可以随时关闭“HSL/颜色/黑白”面板的操作，以预览调整前后的效果对比，如图5-87所示。

图5-86　使用目标调整工具

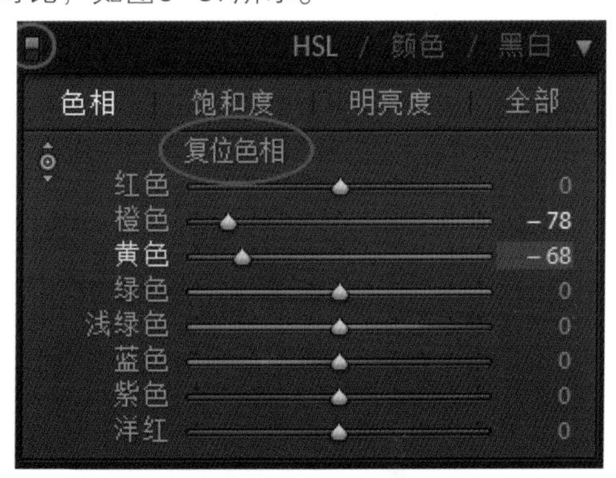

图5-87　使用“复位”按钮和面板开关

5.2.2　使用HSL快速调整色调

前面我们介绍到，在“HSL/颜色/黑白”面板中，“HSL”选项卡与“颜色”选项卡的参数以及调整目标是完全相同的，两者之间只是组织形式不同，而且只有前者具有方便的目标调整工具，因此后面的章节中，主要使用这个选项调整单独颜色区域的色调。

下面，我们使用一个简单的实例来了解HSL的使用方法。首先，在Lightroom中导入一幅本节实例所使用的照片文件，如图5-88所示。

我们首先改变照片中轿车的颜色，然后改变饱和度和亮度值，它们的修改主要依靠目标调整工具完成。当然，如果用户愿意的话，也可以使用各个颜色滑块。但是在使用这些滑块的时候，必须使目标颜色和对应的滑块保持相互一致，因此对于肉眼能识别的纯色（红色、蓝色等）比较容易，但是混合色要麻烦很多。

1. 修改色相

进入到右侧“HSL/颜色/黑白”面板中，确定当前处于“HSL”选项卡下。要改变车的颜色，只需要选择“色相”左侧对应的目标调整工具，然后把鼠标放在需要改变的颜色上。单击并按住鼠标，上下移动鼠标，在得到所需的颜色后，停止移动。在移动目标调整工具时，各种颜色的变化将反映在HSL的滑块上，如图5-89所示。

由于大部分区域包含的是混合颜色，所以移动的滑块通常不止一个。我们也可以直接使用HSL中的滑块控制颜色，但是这需要提前了解需要改变的颜色，由于这些改变是全局变化，所以在这个实例中，图像其他区域的颜色也将同时改变。

图5-88　导入照片

图5-89　调整色相

2. 修改饱和度

要改变车身颜色的饱和度，只需要单击"HSL"选项卡下的"饱和度"按钮。同样，可以直接把目标调整工具放在车身上，单击并拖曳移动鼠标，所引起的变化将反映在"红色"和"橙色"滑块上，如图5-90所示。

3. 修改亮度

要改变亮度，只需要单击"HSL"选项卡中的"亮度"一项，然后把目标调整工具放在车身上，单击并向下拖曳鼠标，在红色和橙色变暗时，可以看到"红色"和"橙色"滑块将同时移动，如图5-91所示。

图5-90　调整饱和度

图5-91　调整亮度

5.2.3　创建通透的天空

前面我们简要介绍了"HSL/颜色/黑白"面板中如何调整照片的色相、饱和度以及亮度，这一节，我们将使用Lightroom中的目标调整工具将一幅照片中普通的天空转换为通透漂亮的景象，主要使用到这个面板中的饱和度和亮度控制。

首先，在Lightroom中导入一幅本节实例所需要使用到的照片，如图5-92所示。这幅照片中天空的颜色还缺乏一定的层次，而且蓝的程度有欠缺，所以接下来考虑使用“HSL/颜色/黑白”面板对其进行调整。

接下来，进入“HSL/颜色/黑白”面板中，确定当前为“HSL”选项卡下的“饱和度”选项，然后单击目标调整工具，将鼠标放在蓝色的天空上。按住鼠标并向上拖曳鼠标，蓝色将变深，如图5-93所示。

图5-92 导入照片

图5-93 调整天空的饱和度

然后单击HSL选项卡下的“明度”，同样，把目标调整工具放在蓝色的天空上，然后向下移动，这时，深蓝色的天空将变暗，并且与白云之间有更明显的分离，如图5-94所示。

调整前后的对比效果如图5-95所示。由于这幅照片中只有天空的颜色被独立分离出来，所以在调整过程中并不影响其他色彩的表现，使天空外的图像保持原貌，这也正是“HSL/颜色/黑白”面板的独特之处。

图5-94 调整天空的明度

图5-95 调整前后的对比效果

5.2.4 让草原焕发生机

从上面的实例可以看出，“HSL/颜色/黑白”面板的功能设置与Photoshop中的“替换颜色”较为相似，但是无论从使用的方便性还是效果都要好于后者。如果你对照片中某一种颜色感觉不理想，想要对其进行调整，那么使用“HSL/颜色/黑白”面板无疑是最好的选择。这一节，我们再处理一幅风景的照片，让发黄的草地化腐朽为神奇。

首先，在Lightroom中导入本节实例使用的照片，如图5-96所示。这是在秋天拍摄的草原景象，由于季节关系，此时的草地已经枯黄，与我们印象中绿油油的景象非常不符，不过我们可以使用“HSL/颜色/黑白”面板中的工具让草原焕发生机。

下面，进入到“HSL/颜色/黑白”面板中，确定当前为“HSL”选项卡，我们准备将黄色的草地转换为绿色，所以单击“色相”选项。单击面板左上角的目标调整工具，把鼠标放在黄色的草地上，按下鼠标并拖曳，此时黄色将变成绿色，如图5-97所示。在面板上观察参数滑块的变化，实际上草地的黄色是由“橙色”和“黄色”混合构成的，所以在面板中移动滑块的参数，一样可以实现工作区中的变化。

图5-96 导入照片

如果觉得颜色仍然不理想，可以适当为工作区中的照片添加一些饱和度。进入到“饱和度”选项中，使用目标调整工

图5-97 调整色相

具，为场景中的颜色增加一些饱和度，如图5-98所示。此项数值对于本节实例中的照片不宜太大，否则显得不够真实。

最终完成的照片图像与最初导入的照片之间的对比效果如图5-99所示。在处理这幅照片的时候，转换颜色非常简单，难点在于参数的控制，既要让绿色的景象覆盖全幅照片，又要让远近产生层次。所以目标调整工具选择的点至关重要，多尝试几次，以便找到理想的采样点。

5.2.5 调出人像好肤色

拍摄人像照片的时候，往往会产生肤色不准确的现象，造成这种现象的原因是环境

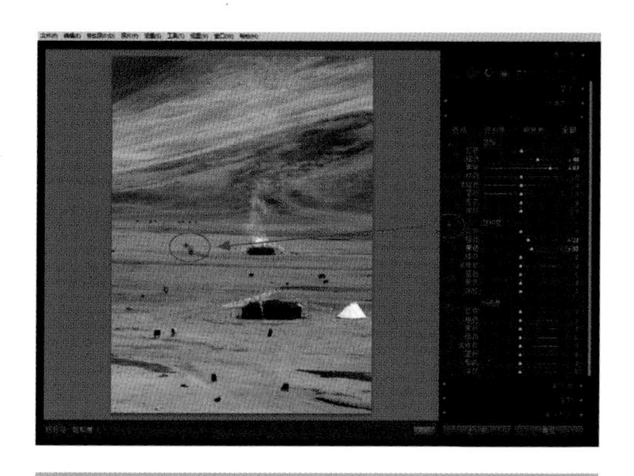

图5-98　调整饱和度

图5-99　调整前后的效果对比

光或者相机色温设置不准确等原因。如果我们所拍摄的肖像照，出现了肤色与现实具有较大差异的问题，在尽可能少影响到周围环境的情况下，使用“HSL/颜色/黑白”对人像肤色进行校正，是最好的选择。

首先，在Lightroom中导入一幅人物肖像的照片，如图5-100所示。这幅照片拍摄于傍晚黄昏时分，由于光线的原因，照片尤其是人像的皮肤明显偏红；由于帽子的关系，又让皮肤显得过暗，所以下面我们考虑使用“HSL/颜色/黑白”面板中的相关功能对皮肤进行校正。

进入到“HSL/颜色/黑白”面板中，确定当前为“HSL”选项卡，由于这一节实例中需要分别调整色相、饱和度和亮度，所以单击选项卡下的“全部”，将三个方面的调整参数都显示出来，如图5-101所示。

图5-100　导入照片

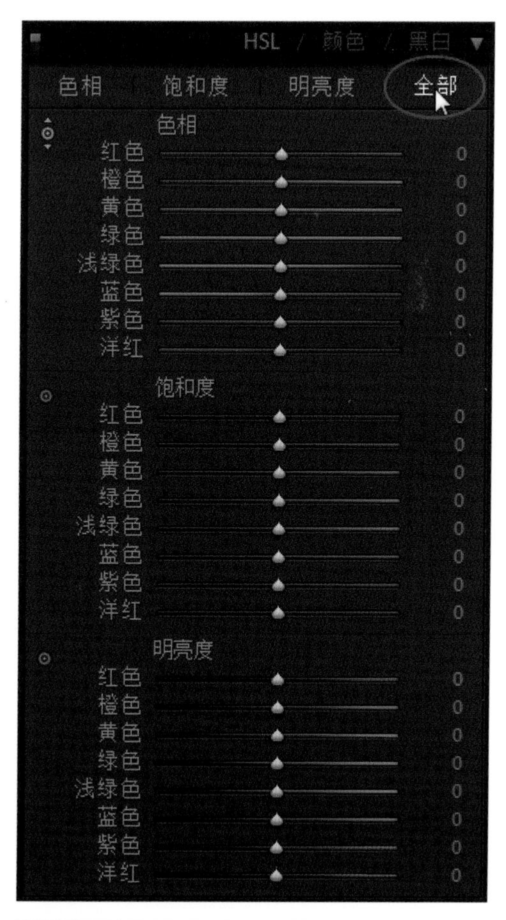

图5-101　使用全部选项模式

场景中人物的皮肤过红，我们首先来降低颜色的饱和度。单击“饱和度”选项左上角的目标调整工具，并进入到工作区中，将鼠标放在人物脸部的位置上，按住鼠标并向下拖曳，场景中的饱和度将降低，如图5-102所示。

下面，我们再来适当调整皮肤的亮度。再进入到右侧“HSL/颜色/黑白”面板中，选择使用“明度”对应的目标调整工具，将鼠标放在人像皮肤上，按住鼠标并向上拖曳，适当增加皮肤的亮度，如图5-103所示。

图5-102　降低场景的饱和度

图5-103　调整皮肤的亮度

最后，还需要校正皮肤的颜色。选择“色相”所对应的目标调整工具，进入到工作区中，以脸部皮肤作为取样点，对皮肤颜色进行微调，如图5-104所示。当前皮肤颜色偏红，我们要适当降低这种红，在其中添加一些黄，但是又不能太黄，让皮肤在红色和黄色之间比较理想。

完成调整以后的照片与最开始照片的对比效果如图5-105所示。这个实例中使用的参数只是针对当前照片以及光源条件产生的，并不一定适合于其他照片，但是对于肤色不准确导致的肖像照片，大体上可以采用本节实例中的操作步骤。

图5-104　调整皮肤的色相

图5-105　调整前后的效果对比

5.3　不同明暗区域的色调调整

在Lightroom中，除了对某种指定的颜色区域进行色调调整以外，也可以对照片中明暗区域分别指定颜色和饱和度，以实现单独明暗区域的色调调整。在Lightroom中，实现这一功能是通过“分离色调”面板完成的。

5.3.1 “分离色调”面板

“分离色调”面板位于“HSL/颜色/黑白”面板的下方，如图5-106所示。从面板当中的参数可以看出，这个面板主要用于将照片中的高光阴影分离出来，并可以分别为它们赋予不同的颜色的饱和度。

在使用这个面板的时候，需要首先为照片中的亮面或者暗面指定一种颜色，指定颜色的方法既可以直接在“色相”滑块上选择，也可以单击高光或者阴影后面对应的色块上直观地选择颜色，如图5-107所示。

图5-106 “分离色调”面板的位置

图5-107 指定颜色

在将颜色设定完成以后，通过拖曳“饱和度”下方的滑块，确定选择的颜色在高光或者阴影中所占有的比率。随着饱和度的调整，设定的高光或者阴影颜色会在照片中逐渐加深，如图5-108所示。

图5-108 调整饱和度

另外需要注意的是，在高光区和阴影区中间有一项“平衡”，这项参数用于控制高光区和阴影区颜色在照片中所占的比例，在稍后的章节中我们将通过实例了解这一重要的参数。

“分离色调”面板主要用于灰度照片的上色，或者制作一些特殊的艺术效果，是Lightroom中一组重要的功能。

5.3.2 模仿怀旧的艺术风格

“分离色调”面板可以快速地为场景中亮面和暗面的图像上色，是数码照片后期艺术效果制作过程中不可多得的重要功能。这一节，我们通过对一幅照片的高光区域上色，模拟一种怀旧风格的艺术效果。

图5-109 导入照片

首先，在Lightroom中导入一幅照片，这幅照片将用来演示如何对照片进行色调分离操作，如图5-109所示。当前这幅照片曝光准确，色调协调，本来不需要做任何处理。但是，我们想模拟一种怀旧的特殊效果，所以需要在色调上有较为夸张的表现。下面，我们考虑使用“分离色调”面板中的相应功能对其进行处理。

进入到“修改照片”模块中，然后打开“分离色调”面板，我们考虑对这幅照片的高光区域颜色进行调整。前文已经介绍过，在“色调分离”面板中，调整颜色的方法有两种，一种直接拖曳“色相”和“饱和度”滑块完成，还有一种方法是选择色块中的颜色。这两种方法都可以实现照片的色彩变化，相对来说，后者要更直观一些。所以，我们单击“高光”对应的色块，然后在弹出的小窗口中，将颜色设置为一种绿色，随着颜色的确定，场景中高光区域已经被绿色所覆盖，如图5-110所示。当然，当前颜色的设置未必非常准确，我们只是确定其基本风格和色调而已。

观察场景，我们注意到照片的色调显得过于浓郁，与怀旧的风格还相差甚远，所以再进入到“分离色调”面板中，适当拖曳“饱和度”滑块向左移动，降低绿色在场景中的浓度，如图5-111所示。

图5-110 设置“高光”的颜色

图5-111 降低饱和度

经过上述调整以后，我们为照片的高光区域添加了浅浅的绿色，图像上形成了一种独特的色调氛围。如果读者感兴趣，也可以试着调整阴影区的颜色，一样能够收到不错的效果。

5.3.3 黑白照片的快速着色

在很多时候，我们习惯将彩色照片转换为黑白照片，这样就避免了纷乱的色彩对浏览者的视觉影响，将注意力能够更多地放在照片表达的主题和内涵上来；而有些时候，我们还会将黑白照片上色，那种统一的色调，既不会影响作品主题的表现，又会给照片带来一种全新的面貌和效果。有关如何将彩色照片转换为黑白照片是下一章中要介绍的内容，我们首先要介绍“分离色调”面板如何为黑白照片快速上色的方法和技巧。

首先，在Lightroom中导入如图5-112所示的本节实例照片，这是一幅被转换为黑白色调风格的图像。

Photoshop中也有将彩色照片转换为黑白照片以及对黑白照片上色的功能，但是Photoshop中只能对黑白照片进行单色的调整，这样就缺乏了必要的层次。而Lightroom很好地解决了这个问题，我们使用“分离色调”面板可以分别针对黑白照片中的高光区和阴影区指定不同的颜色，从而保证黑白照片的层次和魅力，又能避免了彩色照片中色彩过多带来的视觉干扰。

进入到“分离色调”面板中，我们先来修改高光区域的颜色，由于当前影像的高光区主要是天空中阳光映照云彩的部分，所以将其设置为一种介于红色和黄色之间的颜色，并在下方适当调整颜色的饱和度，具体参数的调整以及工作区中照片的效果如图5-113所示。

图5-112 导入照片

图5-113 调整高光区的颜色和饱和度

按照上述同样的方法，我们接下来来调整照片阴影区的颜色，如图5-114所示。由于图像中的阴影区域主要由大桥等元素构成，所以在此将色彩设置为青色，同样需要调整下方饱和度的数值。

在使用“分离色调”面板的时候，最重要的一个问题就是不要让添加的颜色过于浓郁，所以饱和度这项参数的调整至关重要。过多的色彩饱和度让照片显得不够真实，另外也会让照片层次损失过重。

图5-114 调整阴影区的颜色和饱和度

5.3.4 可调整的冷暖色调

“分离色调”面板为照片中的高光区和阴影区自动指定颜色，并分配颜色所覆盖的区域，这些区域并不是一成不变的。前面我们曾经介绍过，在“分离色调”面板中，可以使用“平衡”这项参数来调节高光区和阴影区的色彩范围，往往这种调节可以对照片的基调和风格产生极大的影响和变化。这一节，我们通过一个简单的实例，来了解“平衡”这些参数对色调分离的影响。

首先，在Lightroom中导入一幅照片，如图5-115所示。这是一幅典型的风景照片，当前这幅照片中冷色调和暖色调分配相对均匀，整体风格略微偏向暖色，但是不明显。下面，我们通过“分离色调”面板中的功能对其进行色调的转换。

进入到右侧“分离色调”面板中，分别为照片指定高光区和阴影区的颜色和饱和度。由于场景中天空光所带来的高光区域范围较大，所以高光区的颜色以默认的数值就可以，并适当调整饱和度；为了与高光区形成对比，在此将阴影区的颜色设置为蓝色，并适当调整饱和度，如图5-116所示。

在上述调整完成以后，场景中的高光与阴影范围并没有受到太大的影响。下面，我们看一下使用“平衡”这项参数对场景进行调整。我们可以通过拖曳“平衡”对应的

图5-115 导入照片

图5-116 指定高光区和阴影区的颜色和饱和度

滑块来重新划分高光颜色和阴影颜色的范围。

当我们将“平衡”拖曳到最左侧时，数值为-100，此时场景中将完全被阴影区的颜色所覆盖，也就是说，阴影区的颜色在照片中占有全部的比例，而高光区颜色则被去除，如图5-117所示，此时照片呈现出一种冷色调。

当我们将“平衡”拖曳到最右侧时，数值为100，此时场景中将完全被高光区设置的颜色所覆盖，此时高光区的颜色在照片中占有全部的比例，阴影区设置的颜色被去除，如图5-118所示，照片呈现为极暖色调。

使用“平衡”可以很好地调整对照片高光区和阴影区设置的颜色范围，不同的参数设置体现出不同的图像基调。在后期使用“分离色调”面板的过程中，读者可以利用这项参数对颜色区域进行微调，从而创建出各种风格的色彩效果。

图5-117　将照片转换为冷色调

图5-118　将照片转换为暖色调

5.4　自定义区域的色调调整

使用“修改照片”模块中各个调整面板上的控件，我们可以调整一整张照片的颜色和色调。但是，有时并不希望对整张照片进行全局调整，而希望对照片的特定区域进行校正。例如，我们可能需要在人物照片中增加脸的亮度，使其变得突出，或者在风景照片中增强蓝天的显示效果。要在Lightroom中进行局部校正，我们可以使用“调整画笔”工具和“渐变滤镜”工具应用颜色和色调调整。其中，渐变滤镜用于形成渐变变化的色调变化，而调整画笔可以任意指定某个区域，是“修改照片”模块中的精华所在。

5.4.1　“渐变滤镜”工具

“渐变滤镜”工具位于“修改照片”模块中，“直方图”面板下方的工具条里面。当我们单击“渐变滤镜”工具的按钮以后，在工具条的下方将出现与工具相对应的参数面板，如图5-119所示。使用“渐变滤镜”调整照片色调一共分为两个步骤：首先确定编辑范围和区域，然后确定编辑方式。

小技巧：按键盘的“M”键用于快速激活“渐变滤镜”工具。

1. 建立编辑区域

使用“渐变滤镜”工具首先需要在工作区中建立调整区域，建立的方法是在照片上直接拖曳渐变线。

首先，我们在Lightroom中导入一幅照片，然后选择“渐变滤镜”工具，从照片由上至下拖曳鼠标，完成操作以后，将在照片上形成一个由3条线构成的渐变范围，如图5-120所示。上下两条线为渐变的起点和终点，中间一点线上有一个圆点，代表渐变范围的标记。

小技巧：在拖曳的时候，按住键盘的“Shift”键，用于保证渐变线的水平或者垂直方向。

图5-119　“渐变滤镜”的位置

图5-120　创建渐变线

对渐变范围的调整一共有3种方式，分别为移动、缩放和旋转，下面我们分别进行介绍。

如果要想实现对渐变范围的移动，需要将鼠标放在标记上，然后拖曳鼠标，以实现渐变范围的整体移动，如图5-121所示。

如果要想实现对渐变范围的缩放，需要将鼠标放在上下两条线上并拖曳鼠标，此时渐变范围将因鼠标的移动而缩放，如图5-122所示。

图5-121　移动渐变范围

图5-122　缩放渐变范围

如果要想实现对渐变范围的旋转，需要将鼠标放在中间一条线上，此时鼠标指针将变成旋转箭头的符号，此时拖曳鼠标，将实现渐变范围的旋转，如图5-123所示。

在Lightroom中，使用“渐变滤镜”可以创建多个渐变范围，当在场景中新建一个渐变以后，上一个渐变只以标记的形式存在，要想选择前面的渐变，则需要在照片中选择其对应的标记，如图5-124所示。要想删除增加的渐变，可以选择其对应的标记以后单击键盘的“Delete”键完成。

2. 渐变标记的显示方式

渐变的标记并不都是始终显示在工作区的照片中的，如果在一幅照片中添加的标记过多，往往会影响照片的查看，所以可以考虑将标记隐藏起来。当我们在选择“渐变滤镜”工具以后，在工作区的下方，有一项“显示编辑标记”的选项，单击后面的小三角，将弹出对应的菜单，如图5-125所示。

图5-123　旋转渐变范围

图5-124　使用多个渐变范围

在菜单当中一共有4个选项可供我们选择，这些选项用于决定工作区中渐变标记的显示方式：

自动： 只有将鼠标放在渐变范围内时，才会激活对应该渐变范围的标记。

总是： 始终在工作区的照片中显示渐变标记。

选定： 只显示当前正在使用的渐变标记，而其他标记将被隐藏掉。

从不： 不在工作区的照片中显示任何渐变标记。

图5-125　“显示编辑标记”的菜单选项

在后期的使用中，如果渐变范围不多，建议使用“总是”选项，因为这样能够更好地看到各个渐变范围的位置并能进行精确的选择；如果场景中过多的标记已经影响到查看工作区，那么建议选择使用“自动”选项，只在需要的时候，通过移动鼠标将标记显示出来。

3. 调整渐变范围

默认状态下，在照片中建立一个渐变范围以后，我们发现工作区中没有产生任何变化，这是因为还没有为其指定以何种方式编辑渐变范围，只有通过右侧对应的参数面板，为这个范围指定参数，才能让照片中产生色调的渐变效果。

下面，我们只在工作区中保留一个渐变范围，以便演示参数修改对工作区中的影响。接下来，进入到右侧参数面板中，如图5–126所示。

这个参数面板只在单击“渐变滤镜”以后出现，并且位于“基本”面板的上方。在该面板上，罗列着很多色调修改命令，这些命令本章的前面都已经介绍过，所以从这个角度上来说，“渐变滤镜”既是对前面介绍内容的总结，又是对这些工具的升华。

在参数面板上方，单击“效果”对应的上下箭头，将弹出一个菜单，里面显示的是Lightroom为我们提供的预设，如图5–127所示。

在这些预设当中，前面的一些选项与参数面板中的完全相同，所以我们可以直接在参数面板中进行修改，而后面的一些命令，从“光圈增强”到“牙齿美白”属于以前我们没有见到过的，那么它们是什么意思呢？现在我们在预设菜单中执行“柔滑皮肤”一项，参数面板中“清晰度”和“锐化程度”两个参数将发生变化，如图5–128所示。

在这里我们就会发现，所谓预设，只是Lightroom帮我们设置好实现这一效果所需的参数组合。当然，这种参数组合对于初学者还是有一定的积极意义的，但是对于经常处理照片的用户来说，这些参数

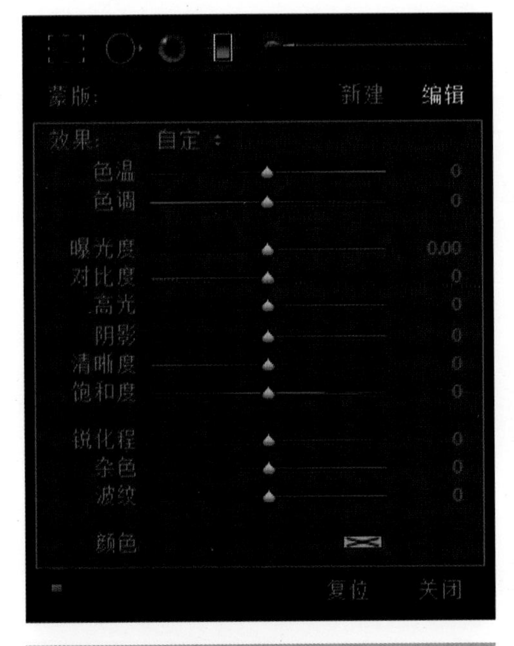

图5–126 “渐变滤镜”的参数

图5–127 “渐变滤镜”的效果预设

的数值未必满足色调调整的需要，所以在使用上还需要有选择性的甄别。

在工作区中建立渐变范围以后，现在我们就可以使用参数面板对渐变范围进行色调调整了。我们可以只调整面板中的一项参数，或者几项参数一起配合调整，从而产生一些特殊效果，或者处理照片中存在的色调缺陷。下面，我们通过几个具体的实例，为读者介绍如何使用“渐变滤镜”工具。

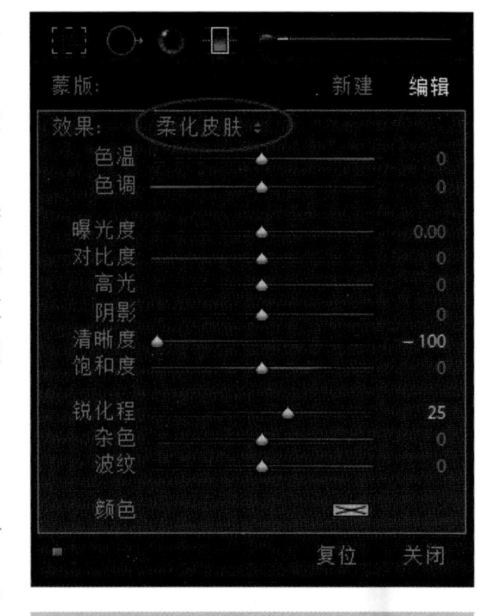

图5-128　选择“柔化皮肤”选项

5.4.2　清晨与黄昏的更替

使用Lightroom中的“渐变滤镜”工具，可以快速为照片遮罩一层渐变的颜色。使用这个工具，就如同在相机镜头前加装了一片滤色镜，不同的是，这个数字滤色镜的颜色可以随意改变，从而非常方便地校正偏色，改善图像的视觉效果。

首先，在Lightroom中导入实例照片，如图5-129所示。这幅照片是阴天拍摄的，由于光线关系，照片缺乏对比，色彩暗淡。下面通过这幅照片为大家介绍一下如何使用“渐变滤镜”的功能将其转换为清晨或黄昏的景象。

下面，将Lightroom软件界面切换到“修改照片”模块中，然后单击“渐变滤镜”工具，从照片的上方向下拖曳一条渐变线，得到的效果如图5-130所示。当前渐变范围扩展到整个工作区，这个范围并不是一成不变的，我们可以在后期根据具体情况再进行变换。

接下来，我们将为当前场景创建一种清晨的景象，也就是为场景添加渐变的蓝色效果，这种效果相当于在拍摄时镜头前添加的减温滤镜。进入到右侧参数面板中，首先拖曳“色温”对应的滑块向左移动，直至工作区中上方的云彩变成蓝色，如图5-131所示。

图5-129　导入照片

图5-130　创建渐变范围

我们感觉场景中蓝色的程度略有不足，所以考虑在渐变范围中再人为添加部分蓝色调。单击下方“颜色”右侧对应的滑块，在弹出的色块窗口中，选择一种颜色，如图5-132所示。这里需要注意的是，窗口下方有一项以“S”标示的滑块，它的百分比用于控制这种颜色的饱和度。

完成上述调整以后，再进入到工作区中适当微调渐变的范围，让云彩显得更有层次，如图5-133所示。

按照上述的操作方式，我们可以再将场景转换为一种黄昏的效果。进入到右侧参数面板中，将色温对应的滑块向右侧进行移动，并在下方指定一种饱和度的橙黄色即可，如图5-134所示。

图5-131　设置“色温”参数

图5-132　设置颜色

图5-133　微调渐变的范围

图5-134　指定另一种颜色

这样，我们就为当前照片分别添加了冷色滤镜和暖色滤镜，用于模拟清晨和黄昏，它们之间的对比效果如图5-135所示。

图5-135　冷暖色调对比图

5.4.3　重建层次与色彩

一般标准的风景照片通常可以分为两个部分，即天空部分和地面部分，对于它们的色调调整也最好单独进行，使用Lightroom的“渐变滤镜”则能很好地完成上述的任务，而只需要建立两个渐变范围就可以了。下面，我们使用一幅照片为读者演示，在Lightroom中，分别调整两个渐变范围的案例。

首先，在Lightroom中导入一幅照片，如图5-136所示。当前这个标准的风光照片中，我们想单独对上方的天空部分以及下方的森林部分都进行色调的调整，这就需要借助于Lightroom中的“渐变滤镜”来完成了。

下面，切换当前软件界面到“修改照片”模块中，单击“渐变滤镜”工具，并在工作区的照片上由上至下拖曳一条渐变线，这条渐变线用于覆盖天空部分，如图5-137所示。

接下来，我们打算调整新建的这个渐变范围。要想让天空部分变得更蓝，可以直接在右侧参数面板中修改一些参数获得。在这里，我们分别调整了色温、色调、曝光度以及饱和度等几项参数，通过这几项参数的共同作用，可以获得如图5-138所示的场景效果。读者在具体调整过程中，不必拘泥于当前的数值，可以按照自己的审美以及想法进行调整。

最后，我们再来调整照片下方的树林部分。再次单击右侧的“渐变滤镜”工具，然后从照片的底部由下至上拖曳一条渐变线，这条渐变需要将整个山林覆盖，并且到天空与地面的交界处为止，如图5-139所示。

图5-136　导入照片

图5-137　创建渐变范围

图5-138　调整工具的参数

图5-139　创建渐变范围

感觉当前照片中下方的树林颜色偏黄，所以首先为渐变范围添加绿色。进入到参数修改面板中，单击“颜色”对应的色块，在弹出的窗口中设置一种高饱和度的绿色，如图5-140所示。

进入到参数面板上方，分别调整“色温”以及“曝光度”这两项参数，如图5-141所示。通过这两项参数与添加的颜色相配合，基本上可以将山林中那种翠绿的颜色风格表现出来，并且照片中原有的光影层次也不会减弱。

本节实例的原始照片与色调调整完成以后的对比效果如图5-142所示。在这个实例中，使用“渐变滤镜”很好地解决了一幅照片中不同区域需要进行不同调整任务的问题，也是标准风光照片后期处理经常使用的一种方法和手段。

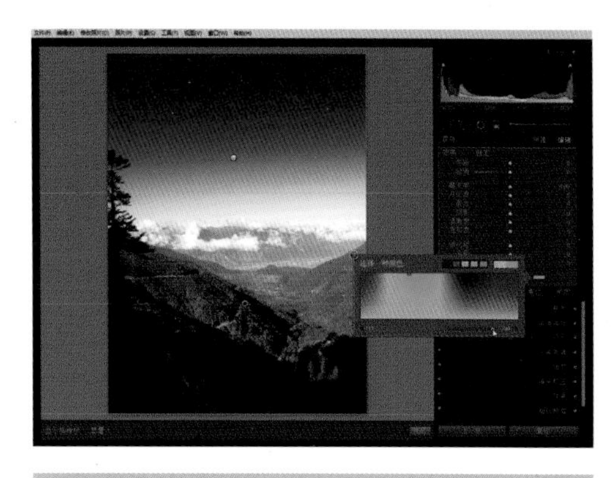

图5-140　设置颜色

图5-141　调整“色温”和“曝光度”的参数

图5-142　处理前后的对比效果

5.4.4　模拟环境光

我们知道，光源具有衰减的特性，也就是说，光线的亮度会随着距离而减弱。所以，在Lightroom中，使用“渐变滤镜”可以很好地模拟出拍摄时的环境光。当我们在为渐变范围设置光线的强度和颜色以后，呈现在照片中将是均匀变化的，与现实生活中的光线非常相似。下面的两个实例，将为读者演示如何使用“渐变滤镜”来模拟环境光效，从而为照片增添新的变化。

1. 模拟环境光（1）

首先，在Lightroom中导入实例照片，如图5-143所示。

这幅照片拍摄于黄昏时分的火车车厢当中，主角是一个靠近车窗的孩子。在这个时段拍摄的照片普遍都比较暗，而且又是在车厢当中。我们打算为这幅照片增加窗口的环境光，这种光源应该是偏暖色的。一方面提高照片的亮度，另外一方面营造一种温馨的心理氛围。

进入到“修改照片”模块中，选择“渐变滤镜”工具，由于照片的车窗位于右侧，光线应该从右向左射入车厢，所以我们拖曳的渐变线，也应该按照同一方向来完成，如图5-144所示。渐变范围由车窗到孩子的身体部分就可以了，当然这些后期都可以随意进行调整。

图5-143　导入照片

图5-144　创建渐变范围

接下来，我们为当前的渐变范围添加一种光的颜色。傍晚时分的光源颜色应该是暖色的，单击右侧参数面板中“颜色”对应的色块，在弹出的窗口中选择一种高饱和度的橙色，如图5-145所示。读者可以首先确定颜色的大致色相，然后通过拖曳下方的饱和度滑块决定颜色的饱和程度。

再次进入到参数面板中，分别调整“色温”以及“曝光度”所对应的滑块，如图5-146所示。色温用于加强光源的色彩，曝光度用于加强窗口附近的亮度。这样，我们就为窗口位置以及人物的脸部增加了必要的光源颜色和亮度。

图5-145　修改渐变颜色

图5-146　调整“色温”和“曝光度”的数值

最后，读者可以试着调整工作区中渐变范围的大小和位置，通过这种变化，可以实时地感受到“渐变滤镜”对场景中色调的影响。最初照片与调整完成的照片之间形成的对比如图5-147所示，从中可以看到，添加的环境光对场景的影响还是非常明显的。

图5-147　处理前后的对比效果

2. 模拟环境光（2）

这一节，我们将使用“渐变滤镜”模拟一种冷暖对比光效的场景，这种光效在电影镜头中经常会遇到，往往在肖像的表现上体现出一定的内涵。

首先，在Lightroom中导入范例文件，如图5-148所示。当前这幅照片只是一张曝光准确的肖像作品，我们将给这张照片上赋予两张对比色调。以狗狗的鼻梁为中线，让左右两侧呈现出不同的感觉和效果。

进入到“修改照片”模块中，单击“渐变滤镜”工具，然后在场景中，在狗狗的鼻梁附近拖曳出渐变范围，如图5-149所示。我们考虑使用两个渐变范围制作肖像的冷暖对比色调，鼻梁左侧的面部为暖色，右侧为冷色。当前渐变范围考虑制作的暖色，所以渐变线应该从左侧向右侧拖曳完成。

图5-148　导入照片

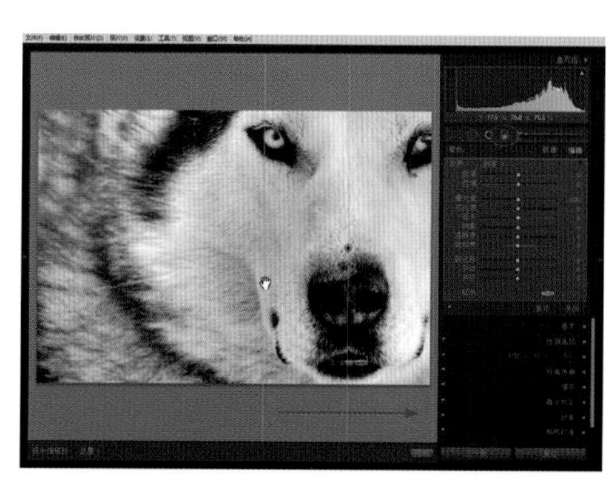

图5-149　创建渐变范围

下面，对上述渐变范围调整色调，通过色调的配合让该部分区域产生暖色。进入到“渐变滤镜”的参数调整面板中，分别增加“色温”以及“饱和度”的数值，如图5-150所示。在此，我们将色温转换为暖黄色，通过“饱和度”的增加，可以让这种颜色加深。

按照前面这个渐变范围的制作方式，我们再来为当前肖像创建一个冷色的渐变。再次选择“渐变滤镜”工具，然后进入到工作区中，由右向左拖曳出一条渐变线，这个渐变范围除了方向与前述的相反以外，其范围以及起始端点都极为相似，如图5-151所示。

对上述渐变范围调整一种冷色调，首先使用“色温”以及“色调”这两个参数配合，让渐变范围产生一种冷色调，再适当降低该范围的亮度，所以降低下放的“曝光度”选项，如图5-152所示。

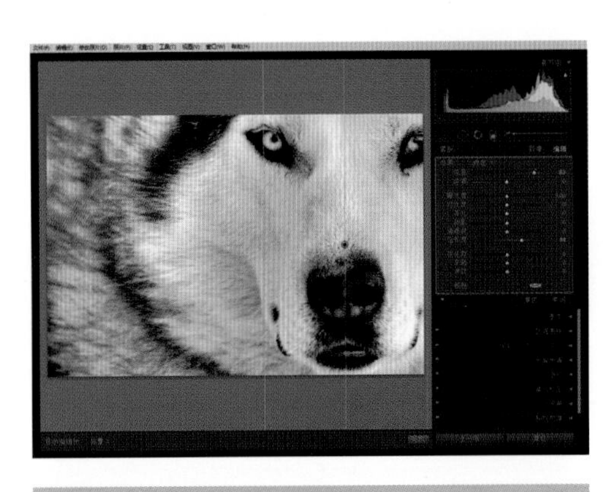

图5-150　设置工具的参数

图5-151　创建渐变范围

将上述两个渐变范围色调调整完成以后，读者可以在场景中对它们的位置进行微调。本节实例最终完成的场景与最初照片的对比效果如图5-153所示。

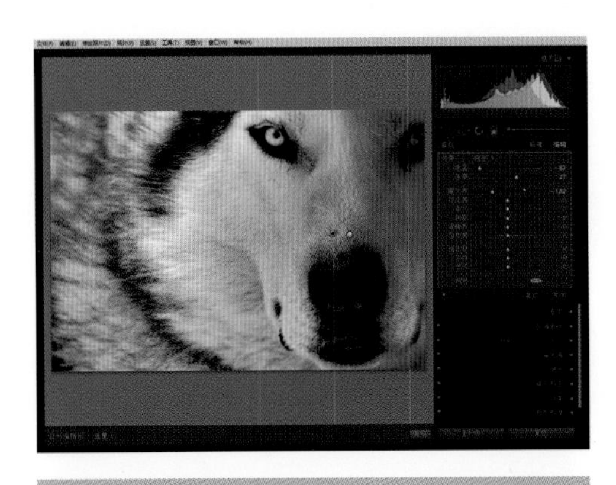

图5-152　设置相关参数

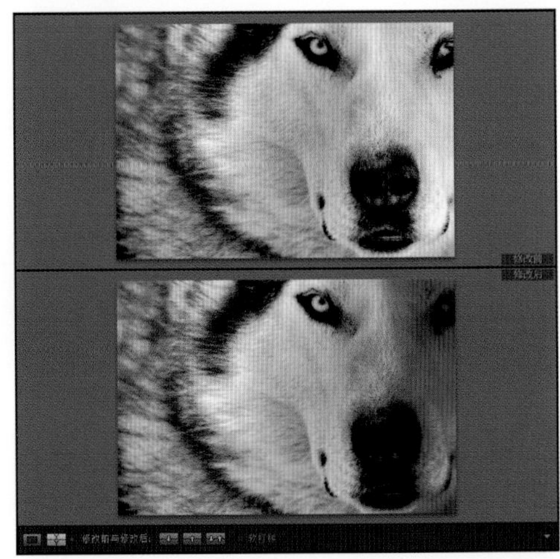

图5-153　实例前后的对比效果

5.4.5 “调整画笔”工具

虽然前面介绍的“渐变滤镜”工具可以对照片中局部的图像进行色调的调整，但是仍然不能随心所欲地编辑大多数不规则的局部范围。在Lightroom中，如果想只针对某个自定义区域进行色调处理，那么就需要使用到“调整画笔”工具来完成。可以说，“调整画笔”工具是整个“修改照片”模块中最重要的功能之一，我们在前面所学到的各种调整功能和工具也几乎都是为其而服务的。

1. 使用“调整画笔”工具

“调整画笔”工具位于Lightroom的“修改照片”模块中，我们前面介绍的“渐变滤镜”工具的后面。当我们在右侧面板中单击该工具以后，鼠标指针在工作区中将呈现出一组同心圆的效果，同时在右侧“调整画笔”工具的下方出现该工具的参数控制面板，如图5-154所示。

小技巧：按键盘的“K”键，将激活“调整画笔”工具。

右侧的参数面板共分为两大部分，上半部分与前面“渐变滤镜”工具使用的参数完全相同，主要用于对“调整画笔”工具确定的范围进行编辑和色调调整。下半部分为新增的内容，主要用于“调整画笔”工具本身进行参数设置。下面，我们针对该面板中的相应参数进行详细介绍。

2. 工具参数详解

如图5-155所示的就是“调整画笔”工具的工具参数面板，整个面板由几个滑块和选项构成。在我们使用调整画笔对场景中的图像进行处理以前，应该首先确定这些参数，以便更加准确地调整场景的色调。

“大小”和“羽化”两项参数用于确定当前画笔的具体大小和柔化程度。当我们选择使用“调整画笔”工具以后，鼠标指针将在工作区中以两个同心圆来标示，其中，内部小的同心圆就代表了画笔的大小，而两个同心圆之间的距离为羽化程度，如图5-156所示。所以“大小”这项数值本身代表的就是画笔具体的直径，而“羽化”这项数值则代表了羽化柔化的百分比，或者说羽化的程度。

小技巧：画笔大小可以通过鼠标中间的滑轮进行动态控制。

下面，我们通过一个简单的演示为读者介绍“羽化”参数的作用。首先，在Lightroom中导入一幅照片，然后单击选

图5-154 使用“调整画笔”工具

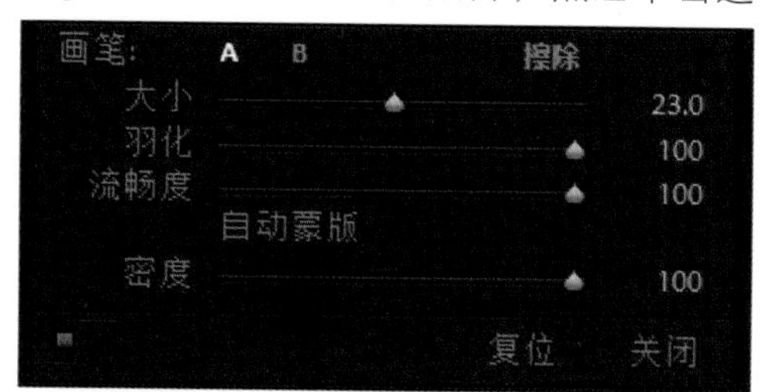

图5-155 工具的参数面板

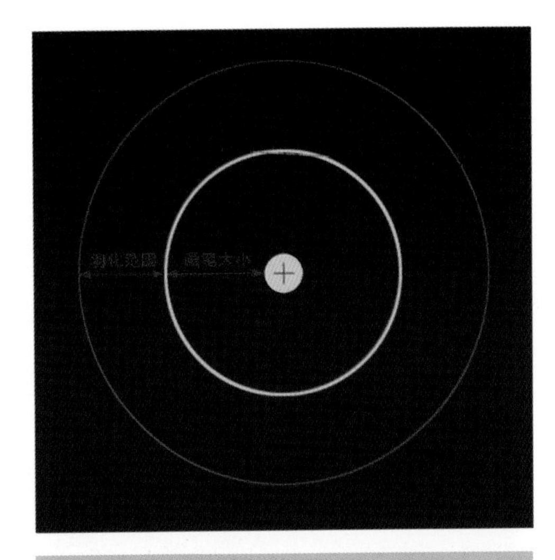

图5-156　“大小”和“羽化”示意图

择“调整画笔”工具，在参数面板中，将“曝光度”参数增加到最高，进入到工作区中，拖曳鼠标，此时鼠标经过的地方曝光量将获得极大的提高，如图5-157所示。由于当前默认设置的“羽化”数值为100，所以鼠标经过区域的边缘变化非常柔和。

接下来，我们保持画笔大小不变，进入到右侧参数面板中，只调整“羽化”的数值，将“羽化”从100修改为0。再次进入到工作区中，此时鼠标指针由两个同心圆变成了一个圆，创建一个画笔的编辑区域，得到效果将如图5-158所示。

图5-157　使用“调整画笔”调整曝光

图5-158　“羽化”对画笔笔触的影响

从图中可以看出，由于我们将羽化设置为0，所以编辑区域的边缘将变得非常生硬。因为我们所处理的照片大多数都需要比较平滑的过渡，所以在后期没有特殊要求的情况下，建议读者都将“羽化”这项参数设置为100。

在参数面板下方的“流畅度”以及“密度”都可以用来控制画笔的力度，但是两者在使用方面具有一定的差异。首先，“流畅度”相当于Photoshop中画笔的“流量”，调整这项参数能够减弱画笔对照片的影响，但是多次操作可以实现力度的叠加；而“密度”这项参数相当于Photoshop中的不透明度，即使在画布上多次操作，也不会叠加效果，整体变化程度只跟“密度”的参数有关。下面我们通过一个简单的演示来具体了解它们之间的差别。

首先，在Lightroom中导入一幅照片，然后单击选择使用“调整画笔”工具，使用默认的参数面板，我们在此将“饱和度”参数设置为最低，用于去除场景中部分区域的颜色。进入到工作区中，使用鼠标在中间的房子上喷涂，鼠标经过的地方瞬间就变成了灰度，如图5-159所示。

下面，维持画笔的大小不变，我们调整“流畅度”参数，将其减少到50，然后进入到场景中，对第二幢木房进行喷涂，如图5-160所示。

图5-159 使用“调整画笔”调整饱和度

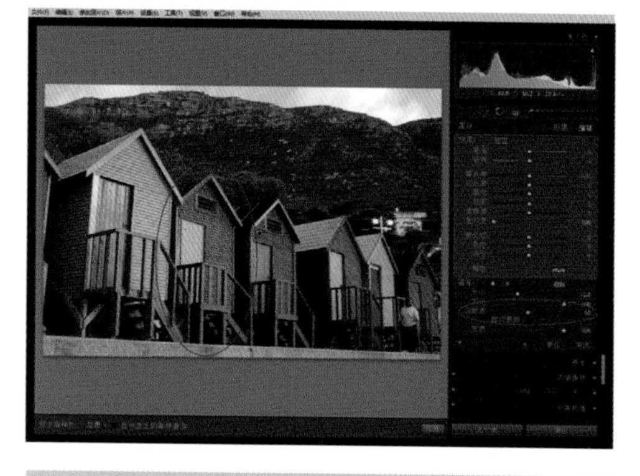

图5-160 “流畅度”对笔触的影响

我们注意到，房子的颜色有所减弱，但是并没有完全变成灰色。当我们继续在这幢房子上面涂抹时，随着鼠标操作次数的增加，房子最终也将会变成灰色，如图5-161所示。

现在，我们将“流畅度”重新设置回100，然后调整“密度”参数为50，然后进入到工作区中，对第四幢木房进行喷涂，将鼠标完全覆盖这个区域以后，得到效果如图5-162所示。此时的房子色调有所减弱，但是无论我们在上面涂抹多少次，始终保持图5-162所示的状态。

图5-161 多次操作以后的笔触效果

图5-162 “密度”对画笔笔触的影响

“流畅度”适合于在调整照片过程中使用，它可以有效降低画笔力度过大造成的夸张色调。由于多次使用后可以实现效果的叠加，所以适合对照片微调；而“密度”则适合于应用“调整画笔”的操作以后，当我们发现调整的力度过大时，可以使用这项参数适当减弱工具对照片的影响。

在画笔工具面板的上方，可以为两个画笔（A和B）指定选项。单击相应字母可选择所需画笔；按键盘的正斜线键“/”可在这两个画笔之间切换。在AB画笔选项的右侧，我们可以单击“擦除”按钮，将画笔转换为擦除工具，对多选的范围进行删除，如图5-163所示。

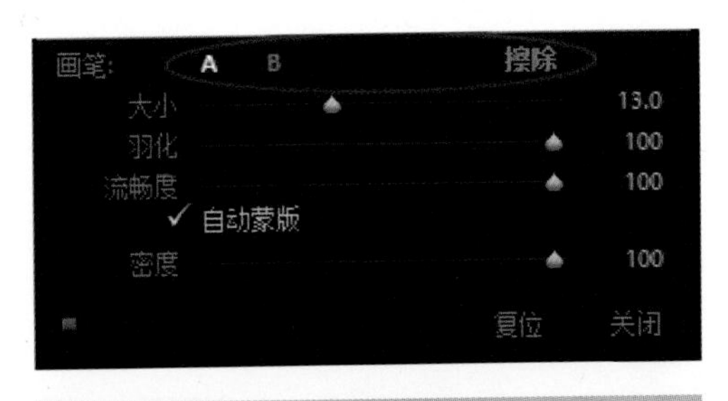

图5-163 切换画笔和“擦除”工具

小技巧：在使用“调整画笔”喷涂照片时，随时按住键盘的“Alt”键都可以临时切换为“擦除”工具。

另外，在“密度”上方有一项“自动蒙版”，这项参数会将画笔的喷涂范围自动限定到颜色相似的区域，从而避免了在使用工具确定范围时，增加一些不必调整的区域。我们将在稍后的实例讲解中为读者介绍这个选项的重要性。

3. 工作区操作

在使用前面介绍的“渐变滤镜”工具时，每一次在工作区中创建渐变范围都可以得到一个标记，而“调整画笔”则不同，当我们选择该工具并在工作区中操作时，只要不结束当前的操作，所有在照片上画笔经过的地方，都将被记录为一个标记。如果想进行多次操作，得到多个标记，需要单击工作区下方的“完成”按钮，然后重新选择“调整画笔”进行操作，工作区中将出现两个以上的标记符号，如图5-164所示。

对标记的修改也与“渐变滤镜”工具不同。当我们在工作区中选择一个标记时，无法移动标记的位置，但是拖曳鼠标，鼠标指针将变成左右箭头的符号，通过这种方式可以调整右侧面板中该编辑范围所对应的参数，如图5-165所示。删除选定的标记，也是按键盘的“Delete”键完成。

图5-164 创建多个工作区

图5-165 拖曳标记改变参数

当我们在场景中使用画笔对照片进行涂抹时，怎样才能知道具体的范围呢？Lightroom中为我们提供了画笔的蒙版显示功能。首先，我们可以将鼠标放在一个编辑范围所对应的标记上，停顿片刻，该编辑区域的范围将以红色的蒙版显示出来，如图5-166所示，从中可以看到我们设定的编辑范围是否符合照片处理的需要。当把鼠标移开这个标记时，蒙版也会自动消失。

除了上述方式显示编辑范围以外，我们也可以将工作区下方的“显示选定的蒙版叠加”一项勾选，当前选择的标记所对应的编辑范围也将以红色显示出来，如图5-167所示。

图5-166　使用鼠标查看编辑范围

图5-167　使用“显示选定的蒙版叠加”选项

小技巧：按键盘的“O”键，用于显示或者隐藏编辑范围蒙版；按键盘的“Shift+O”键，可以让蒙版颜色在红色、绿色和白色之间切换。

在“显示选定的蒙版叠加”选项左侧，是“显示编辑标记”选项，它的使用方式与前文介绍的“渐变滤镜”中相同位置的功能完全一样，具体使用方法就不再介绍了。

5.4.6　更换人像照片中衣服的颜色

由于“调整画笔”工具主要用于处理不规则的图像色调，所以对于调整人像类的照片具有较大的技术优势。这一节，我们通过对一幅人像照片更换人物的衣服颜色，了解“调整画笔”工具的基本使用方法，同时了解“自动蒙版”选项的重要作用。

首先，在Lightroom中导入一幅照片，这幅照片是一张人像的写真，如图5-168所示。我们打算为这幅照片中女子的衣服更换颜色，所以应该使用“调整画笔”工具将衣服的范围选择出来，然后对这个范围的颜色进行调整。

使用“调整画笔”工具对特定区域进行色调修改的方式有两种：第一种方式是首先使用工具在照片上喷涂，用以确定修改的范围，然后调整右侧参数面板的数值；第二种方式可以先设置要使用的参数，然后再应用工具实时地在照片上喷涂，随着鼠标的操作，经过的位置将发生色调的变化。对比这两种方法来看，第一种方式对于初学者比较合适，如果对选区没有把握，可以等选区符合要求以后再进行色调处理；等到对“调整画笔”工具具备一定熟练程度以后，可以直接在参数修改后直接在照片上进行操作，比第一种方法具有实时性和灵活性。由于这一节我们初次使用“调整画笔”工具完成实例，所以使用第一种方式进行操作。

进入到“修改照片”模块中，单击选择“调整画笔”工具，并保持原始参数不变，在工作区中，对左侧人物的裙子部分进行操作，用鼠标涂抹衣服，并将衣服部分覆盖掉。由于初次使用这个工具，我们对于笔触大小以及范围不好把握，读者有必要将下方“显示选定的蒙版叠加”选项打开，这样可以查看到画笔的覆盖程度，如图5-169所示。

在上述范围的确定过程中，我们应该不断调整画笔大小和视图大小，并将溢出范围的部分切换到“擦除”工具删除，即使这样，也会或多或少地增加了一部分人物的皮肤以及背景部分，而且不断的擦除和视图转换也比较麻烦。这时候，右侧参数面板中

图5-168　导入照片

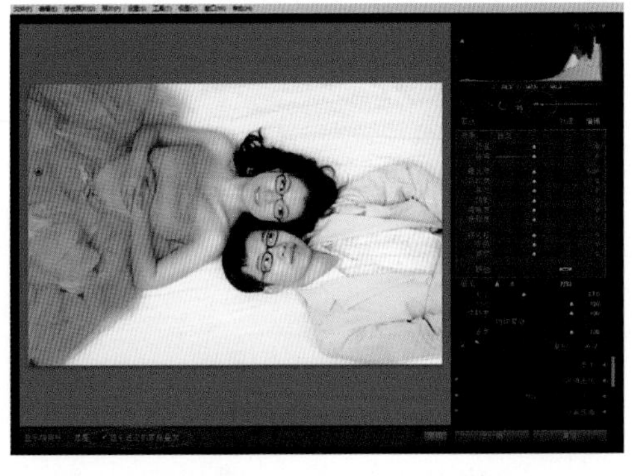
图5-169　创建喷涂范围

的“自动蒙版”选项就显示出其作用了。

下面，我们重新选择要处理色调的衣服部分，按右侧面板右下角的“复位”按钮，将刚刚选择的范围去除，让照片回复到原始状态。然后勾选面板中的“自动蒙版”选项，重新回到工作区中使用“调整画笔”工具涂抹覆盖裙子的部分，这时候再次观察场景，由于裙子的颜色与皮肤和背景存在较大的颜色差异，所以软件会自动甄别它们的边界，从而最大限度地减少对周围环境的加选和误选，如图5-170所示。在后期没有特殊要求的情况下，建议读者始终将“自动蒙版”选项勾选，这种软件自动化区分颜色差异的功能，对我们确定编辑范围意义重大。

在将要调整色调的范围确定以后，接下来就可以进入到右侧参数面板中调整其颜色了。首先将工作区下方的“显示选定的蒙版叠加”选项的勾选去掉，然后在右侧面板中，分别调整“色温”和“饱和度”的数值，将得到如图5-171所示的场景效果。

图5-170　使用“自动蒙版”选项

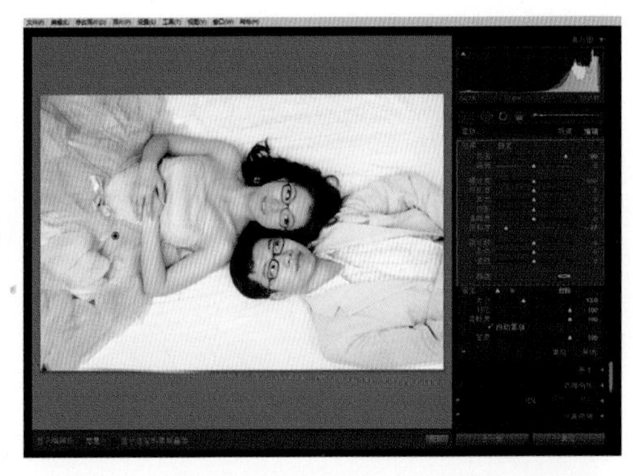
图5-171　调整“色温”和“饱和度”的参数

由于照片中男孩的衣服为蓝色，我们打算将女孩的衣服调整为一种粉色，形成颜色的互补，所以在右侧参数面板中，点击打开“颜色”对应的色块，在弹出的窗口中设置一种粉色，并为其指定一种高饱和度，如图5-172所示。

这样，我们就为照片中女孩的衣服颜色进行了更换，调整前后的对比效果如图5-173所示。在个实例中，我们了解了“自动蒙版”对场景选区的重要性，而且还清楚了“调整画笔”工具的基本操作过程和过滤，希望读者能从本节的学习中掌握这个工具的初级使用方法。

图5-172　调整颜色

图5-173　调整前后的对比效果

最后，我们简要说明一下“调整画笔”参数面板中的复位问题。当我们使用“调整画笔”工具的时候，右侧面板中会出现多个“复位”按钮，对于初次接触该工具的读者，这几个复位功能往往会弄混。首先，在右侧参数面板组的最下方有一个“复位”按钮，我们在前面曾经介绍过这个按钮，它用于对整幅照片进行复位，使其恢复到导入Lightroom前的最初状态，如图5-174所示。

在“调整画笔”参数面板右下角也有一个复位按钮，它用于恢复因“调整画笔”操作而使照片发生的变化，如图5-175所示。

图5-174 面板组的“复位”按钮

图5-175 工具参数面板右下角的“复位”按钮

当我们按住键盘的“Alt”键的时候，参数面板左上角“效果”的字样，将变成“复位”按钮，它用于恢复“调整画笔”工具的参数，让其恢复到面板的默认状态，如图5-176所示。

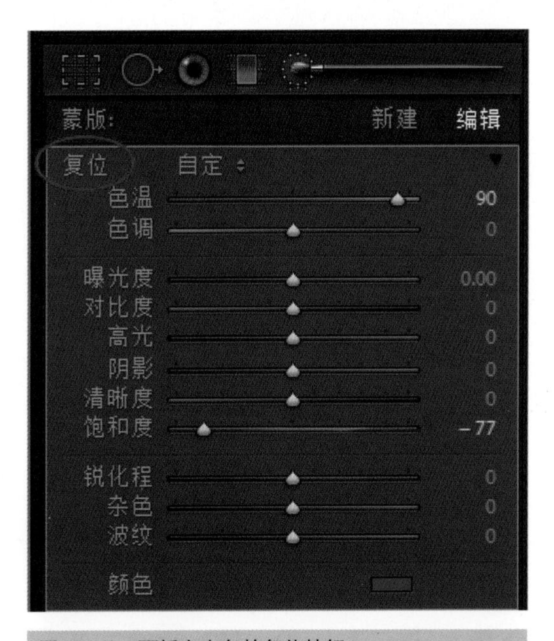

图5-176 面板左上角的复位按钮

5.4.7 人像“磨皮”技法

有关人像皮肤的修饰方法，在本书前面有两个实例涉及到。在第4章中，我们使用了“污点去除”工具，对人物脸部具有较大的瑕疵进行了修饰；在本章前面，我们对整幅照片使用了“清晰度”这项参数，用于柔化人物的面部。那么，如果一幅人像照片中，脸部没有太大的瑕疵，而且只想让面部皮肤更加光滑，不想改变五官以及其他范围时，使用“调整画笔”工具是再理想不过的了。这一节，我们通过一个实例，了解如何只对人物面部皮肤进行美化的方法，也就是传统意义上所说的“磨皮”技巧。

首先，在Lightroom中导入一幅人像的照片，我们可以将这个实例适当放大，可以看到面部皮肤显得还不是那么光滑，如图5-177所示。下面，我们将考虑使用“调整画笔”工具对人物脸部的皮肤进行选择，并通过面板中的参数对其进行处理。

接下来，将软件界面切换到“修改照片”模块中，并单击“调整画笔”工具。我们希望能让皮肤显得柔化，所以在下方参数面板中，将“清晰度”一项参数设定为-100；为了避免加选和误选，同时将“自动蒙版”一项参数进行勾选，如图5-178

所示。

进入到工作区中，为了获得准确的选区范围，有必要将照片适当放大，然后根据脸部皮肤的位置不断调整笔触的大小，并在工作区中喷涂，鼠标经过的位置，皮肤的细小瑕疵将被掩盖掉，呈现出光滑的效果，如图5-179所示。在使用画笔操作的过程中，如果对选区缺乏把握，可以随时按键盘的“O”键，显示和隐藏画笔蒙版，观察选区范围。

使用画笔将照片中人物的皮肤完全覆盖掉，并保留眼睛和嘴唇的区域，此时场景中的画笔蒙版效果如图5-180所示。在喷涂的过程中，一旦到范围边界处，尤其需要减小画笔的笔触大小并且将照片放大，如果出现范围溢出的情况，则需要将画笔切换为“擦除”工具，对溢出范围进行删除。

图5-177　导入照片

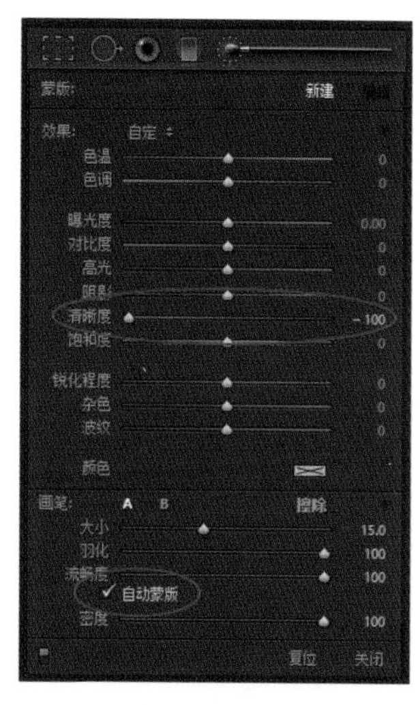

图5-178　设置面板参数

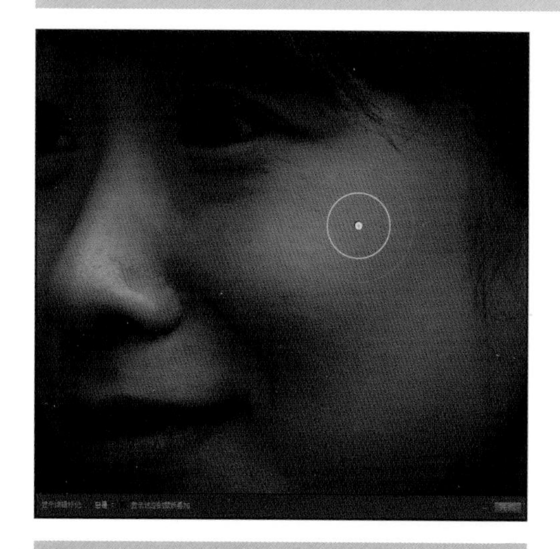

图5-179　使用工具喷涂皮肤区域

图5-180　喷涂后的工作范围

将工作区中的蒙版隐藏起来，并进入到工作区中，适当降低选区范围的对比度。我们在面板中，将“对比度”对应的滑块，向左拖曳移动，此时的场景变化将如图5-181所示。

最后，我们感觉当前照片的场景显得过暗，所以在结束“调整画笔”工具的操作以后，进入到“基本”面板中，适当增加照片的整体曝光度，让皮肤显得更加白皙，如图5-182所示。

图5-181　调整“对比度”的参数

图5-182　调整整体曝光度

这样，我们就完成了整体的实例操作，最初导入的照片与完成后的整体对比效果如图5-183所示，它是通过“调整画笔”工具圈定脸部皮肤的范围，并通过“清晰度”和“对比度”两项参数共同作用配合而实现的。

过去在Photoshop中“磨皮”需要首先将人像的皮肤选择出来，然后通过复制图层并使用模糊类的滤镜。对于初学者来说，选择的技巧以及模糊参数的设置不是非常容易把握，操作不好，往往会导致人像脸部的明暗层次缺失。使用Lightroom中的“调整画笔”工具则避免了上述的问题，通过这个实例可以看出，选择脸部的皮肤非常容易。其次，即使我们将“清晰度”这项参数调整到最小值，得到的结果仍然最大化地保留了脸部的细节，而不会因为模糊的数值过大造成照片严重失真。

图5-183　调整前后的效果对比

5.4.8 让焦点更加注目

焦点是一幅照片的拍摄主体，是整幅照片中引起观众注意的主要部分。在很多拍摄环境中，由于背景的纷乱，往往会导致照片的主体不是那么明显，或者我们想格外地突出主体，但是却由于背景的关系而失败。使用“调整画笔”工具，可以将背景或者主体单独选择出来，调整它们的色调，从而达到让焦点更加突出的作用。

首先，在Lightroom中导入一张本节实例对应的照片，如图5-184所示。在这张照片中，一只奔跑的狗是整幅照片的焦点，但是由于背景上半部分的黄色树林与狗的颜色冲突，造成主体并不是那么醒目，所以下面，我们使用“调整画笔”工具对它们的色调进行处理，力求让主体显现出来。

将软件界面切换为“修改照片”模块中，然后单击选择“调整画笔”工具，进入到场景中，将背景部分单独选择出来，如图5-185所示。这个选择的过程有两种方法：一种是在选择的时候避开主体；另外一种是将全幅照片喷涂以后，再将主体从选区中剔除。无论哪种方法，我们都需要不断变化笔触大小以及使用“自动蒙版”，尤其在确定背景与主体之间选区范围时，“自动蒙版”显得更加重要。

图5-184 导入照片

图5-185 创建工作范围

接下来，将工作区下方的“显示的蒙版叠加”勾选去掉，进入到右侧工作区中调整背景选区的色调。首先，将“清晰度”减少到-100，这样可以适当柔化背景，从而突出主体；将“饱和度”参数也适当降低，通过上述的参数配合，背景的色彩将被减弱，如图5-186所示。

下面，我们再来调整背景的颜色。适当调整面板上方的“色温”以及“色调”的参数值，将背景调整为一种偏绿的效果，如图5-187所示。这样，主体的颜色在整个照片中就变成独一无二的了，从而获得了视觉效果上的加强。

最初照片的状态与调整完成以后的对比效果如图5-188所示。通过这两幅照片的对比可以比较明显地感受到主体的变化。要想达到突出主体的目的，可以采取的方法有很多种，未必非要按照本节实例介绍的方法完成。除了对主体以外的背景进行色调调整以外，也可以单独对主体本身进行处理，只要参数理想，色调协调，一样能够收到不错的效果。

图5-186　调整“清晰度”和“饱和度”的参数

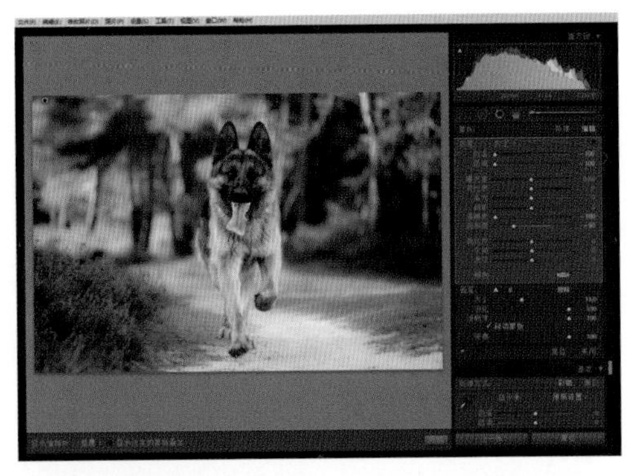
图5-187　调整“色温”和“色调”的参数

图5-188　处理前后的对比效果

5.4.9　点亮街灯——多区域的色调调整

在使用“调整画笔”工具的时候，我们可以根据场景中照片需要处理的不同区域，选择不同的范围，从而实现多个不同区域的单独编辑。使用这种方法，就可以最大程度地发挥调整画笔的强大功能，对照片中存在的各种问题进行后期编辑和调整。

首先，在Lightroom中导入一幅照片，如图5-189所示。这幅照片拍摄的是一个路灯的场景，背景是黄昏的景象。从照片中可以看到，夜晚的效果并不是非常突出，所以，我们将分别对街灯和背景进行处理，让背景变暗，将街灯点亮。

接下来，进入到“修改照片”模块中，使用“调整画笔”工具将除了路灯的玻璃以外的整幅照片选择出来，如图5-190所示。与前面实例相同，在剔除路灯的时候，玻璃与边缘的选择也要尽可能使用到“自动蒙版”功能，从而保证选区的准确。

图5-189　导入照片

图5-190　创建工作范围

由于我们要模拟夜晚的景象，所以背景的亮度以及色调要做必要的处理。进入到右侧参数面板中，首先调整选区的亮度，将“曝光度”一项参数适当减小；然后拖曳“饱和度”对应的滑块，加深背景中黄昏天空的颜色，如图5-191所示。

下面，我们将要对路灯的玻璃进行处理，用于模拟那种光源打开的效果。由于上面的选区已经调整完毕，所以进入工作区中单击右下角的“完成”按钮，这样就完成了一次“调整画笔”的操作。再次在右侧面板中选择使用“调整画笔”工具，并进入到工作区中，只喷涂路灯的两块玻璃，将得到如图5-192所示的蒙版效果。同时在当前工作区中，将存在代表两个选择范围的标识。

图5-191　设置“曝光度”和“饱和度”的参数

图5-192　创建工作范围

我们需要提高路灯玻璃的亮度，让其产生高饱和度的黄色。所以，进入到右侧参数面板中，首先调整曝光度的数值，让整个选区的亮度提升起来；然后通过“色温”和“色调”的配合，将选区变成浅黄色；最后适当调整“对比度”以及“饱和度”这两个参数，用于微调整体的色调。具体的参数以及调整以后的效果如图5-193所示。

这样，我们就完成了整个实例的制作。我们可以用最终结果与最开始的照片进行对比，如图5-194所示，通过对比可以看出效果的变化。如果觉得不满意，我们可以重新对两个选区进行编辑。需要在选择使用“调整画笔”工具的基础上，分别进入工作区中，选择选区对应的标识，然后调整参数即可。

图5-193　调整相关参数

图5-194　处理前后的对比效果

5.4.10　加强眼神光

眼睛是心灵的窗口，也是人物肖像照片中最应该表现的部分。但是，由于在拍摄环节中的一些因素，有些照片的眼睛看起来不透亮，缺乏眼神光。对于这样细微的瑕疵，而又是影响整体作品面貌的地方，我们可以考虑对其进行修改。

首先，在Lightroom中导入一幅儿童的肖像照片，如图5-195所示。这幅照片由于是顺光拍摄，缺乏必要的眼神光，而且眼睛整体也显得灰暗，与作品所要表现的主题格格不入，所以下面，我们使用“调整画笔”工具，对其进行处理。

接下来，进入到“修改照片”模块中，选择使用“调整画笔”工具，将照片尽量放大，以便于能够看清眼睛的周围边缘，将眼睛完全选择出来，如图5-196所示。在喷涂眼睛边缘的时候，一定要勾选“自动蒙版”选项，当选区边缘基本确立以后，对中间部分喷涂时，可以把“自动蒙版”选

图5-195　导入照片

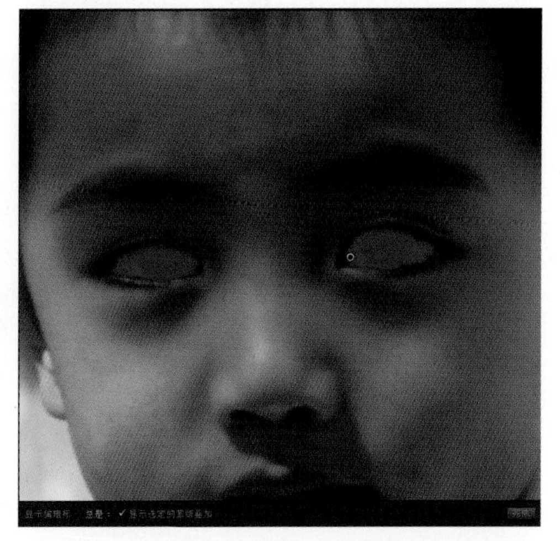

图5-196　创建工作范围

项的勾选去掉，这样可以加速对中间部分的选取。

下面，我们将对眼睛的部分进行色调调整，目标是让它们既明亮又透彻。将工作区下方的“显示的蒙版叠加”一项勾选去掉，然后进入到右侧参数面板中，首先将“曝光度”对应的滑块向右移动，增加该选区的亮度；然后将“清晰度”对应的滑块向右移动，这个参数可以让选区的边界更加清晰，加大瞳孔与眼白的显示效果，如图5-197所示。

我们再来为一双眼睛增加反光，我们将这种反光称之为眼神光。回到工作区中，单击下方“完成”按钮，结束对眼睛的整体亮度调整。重新单击选择“调整画笔”工具，在工作区中，将照片尽可能放大，然后在上面点缀眼神光，如图5-198所示。如果读者对于眼睛反光的规律不是非常清楚，不建议随意喷涂，可以借助于眼睛上本来就有的稍亮区域作为参考，画笔的笔触要尽量小一些，这样看起来更加真实。

图5-197　调整“曝光度”和“清晰度”的参数

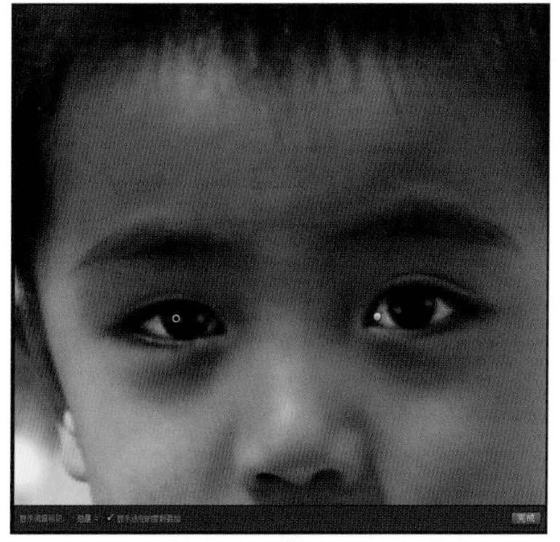

图5-198　创建工作范围

这几个点的色调调整非常简单，只需要让它们尽量的明亮即可，所以在右侧参数面板中，增加“曝光度”参数数值，即使增加到很大也没有关系，因为这几个点本来就是眼睛上的反光而已，如图5-199所示。

这样我们就完成了这个实例的演示操作，我们可以用最初的照片与修改完成以后的效果进行比较，如图5-200所示。眼神光的添加一定要注意两个要素：第一，反光的面积不能太大，否则看起来不够真实；第二，对于初

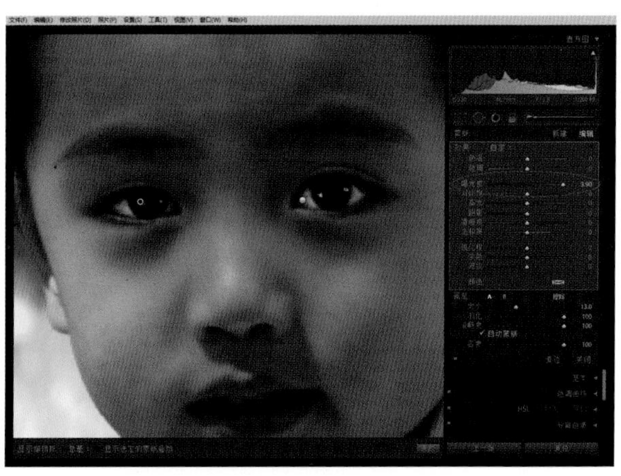

图5-199　增加“曝光度”的参数数值

学者来说，位置不能随意指定，要根据被拍摄者注视镜头的方向，以及瞳孔上亮度的差异决定反光的位置。

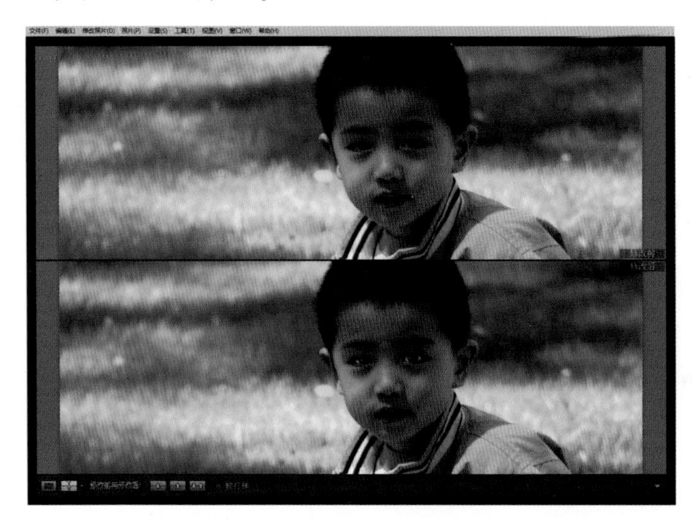

图5-200　调整前后的效果对比

5.4.11　艺术化烘托主题

在前面的实例中，我们曾经尝试使用“调整画笔”工具对焦点以外的背景进行过色调的调整，通过这个方法，可以让主体更加醒目。实际上，除了进行简单的颜色修改以外，如果我们能够对背景制作一些特殊的艺术效果，则能更好地表现和烘托主题。

首先，在Lightroom中导入一幅表现郁金香的照片，如图5-201所示。这幅照片拍摄于春暖花开的季节，整幅作品给人一种绚烂的心理氛围。接下来的实例演示中，我们在保留焦点上的主体以外，为背景部分制作一种浅色柔焦的艺术效果，用以烘托主体。

接下来，进入到“修改照片”模块中，将照片中除了中央那朵花以外的部分都选择出来，如图5-202所示。有关这种选择方式，在前面的几个实例中已经有所介绍，所以在此就不再详细说明了。

下面，将工作区下方的“显示选定的蒙版叠加”的勾选去掉，然后进入到右侧参数面板中，我们先来弱化背景的颜色。分别调整“饱和度”以及“清晰度”的参数，降低它们的数值，让背景的颜色不要过于鲜艳，如图5-203所示。

我们还需要调整背景的色相，进入到面板上方的“色温”以及“色调”这两个参数选项中，通过参数的配合，让背景产生一种偏柔和的浅粉色，如图5-204所示。在这里，我们之所以不用面板下方的“颜色”色块，是因为“色温”和“色调”的配合作用可以让照片的颜色更加协调。

最终，我们再来提升背景的亮度，让照片产生一种灿烂和向上的效果。适当拖曳“曝光度”对应的滑块，向右移动从而增加场景的明亮度，如图5-205所示。这样，这个实例中背景的处理过程就结束了。

本节实例最初的照片与调整完成以后的效果对比如图5-206所示。为照片制作艺术

图6-7 “高光”对暗角的影响

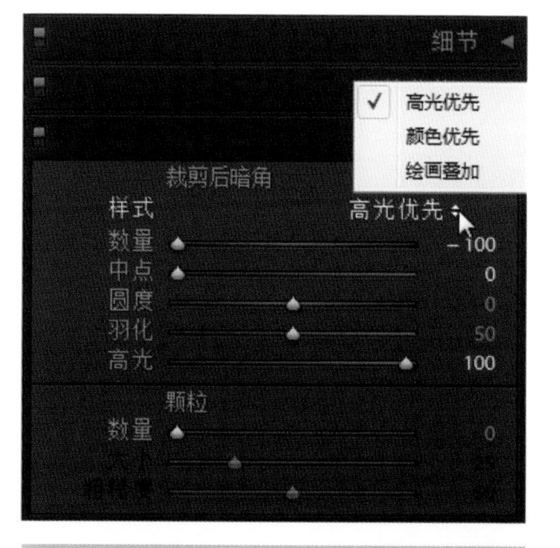

图6-8 预设样式

图6-9 实例的最终效果

“高光优先”会尽可能地保留暗角范围内的高光，这样色彩会相对地突出，边角看上去有更多的饱和度；“颜色优先”更加注重的是保留照片边角上色彩的准确性，因此，在对边角的处理上只增加了一点暗调，不会给予色彩增加很多的饱和度；“绘画叠加”只是在照片边角上增加一定的暗灰色，照片会显得不够透彻。在后期使用的时候，建议读者选用“高光优先”或者“颜色优先”两个选项。

最后，我们可以根据前面对参数的理解，对当前的照片进行最后的参数设置，本节实例的最终效果如图6-9所示。

6.1.2 模拟胶片的颗粒质感

与上一节介绍的暗角类似，Lightroom中有去除照片噪点的功能，自然也有添加胶片颗粒的功能。在“效果”面板的下方，提供了用于让照片产生胶片颗粒的参数选项，使用这几个参数，可以快速为照片添加颗粒，从而模拟那种胶片照片的质感。

首先，在Lightroom中导入本节实例所需的照片，然后切换界面到“修改照片”中，并打开“效果”参数面板，如图6-10所示。

在该面板中，“颗粒”参数选项组的下方，一共有3项参数用于配合产生照片的胶片颗粒。通过这些命令字面的意义也能比较容易理解它们的作用：“数量”用于控制照片中颗粒的多少；“大小”用于控制颗粒单体的大小；“粗糙度”用于控制添加颗粒后照片的细腻程度。

下面，我们可以分别调整上述介绍的3个参数，使用它们配合，可以在照片中实现各种的胶片颗粒效果，如图6-11所示。由于这个功能相对简单，所以对参数没有具体的严格要求。

图6-10　导入照片并打开“效果”面板

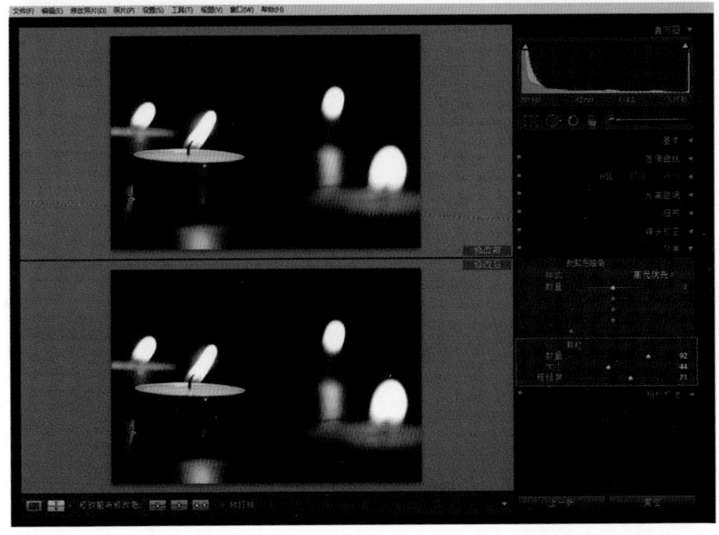

图6-11　设置“颗粒”的参数

6.2 将照片转换为黑白效果

色彩有时可以为照片本身增添魅力，但是有时则是视觉上的负累。有些照片在转换为黑白图像以后效果会更好，Lightroom不仅能够把彩色照片迅速转换为灰度图像，而且还能够控制各种颜色的转换，转换后的结果大致相当于使用不同颜色的滤镜处理全色黑白胶片。

6.2.1 转换为黑白照片的条件

并非所有照片都适合转换为黑白图像，如果没有好的布局或引人注目的内容，那么转换后的图像有可能平淡无味。如果转换过程不正确，也可能出现这种情况。

1. 不适合转换的照片

观察如图6-12所示的照片，彩色的效果要好得多。转换成黑白照片以后，效果就逊色多了。色彩是保持这个图像完整性的黏合剂。这个图像中几乎没有戏剧性的照明条件或鲜明的布局，在去掉色彩以后，这种情况会显现出来。

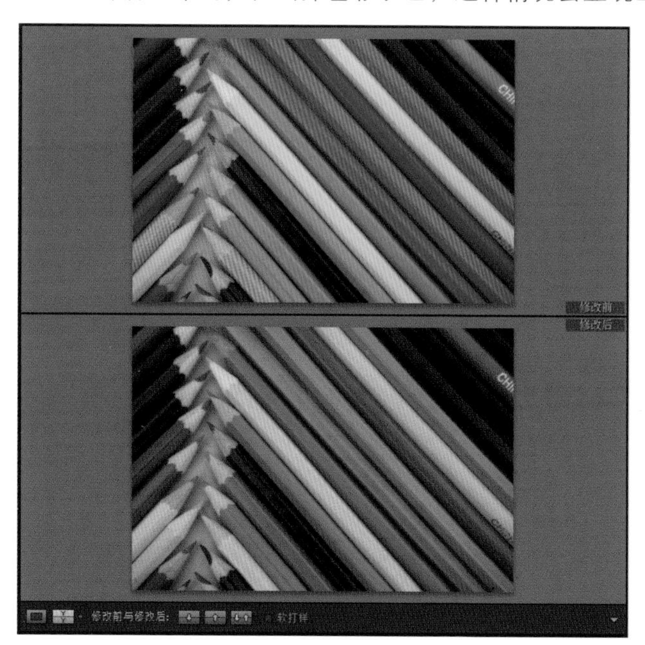

图6-12 不适合转换黑白的照片

2. 适合转换但需要调整的照片

把彩色照片转换成黑白照片时，如果方法不对，其结果也将令人失望。如图6-13所示，在Lightroom的“修改照片”模块中，单击“基本”面板上的“黑白”，即可将这张照片转换成黑白照片，虽然这种方法适合于某些照片，但是在目前这种情况下，所有色调看起来都差不多，因而图像显得很单调。

在图6-14所示中，已经针对照片使用了“修改照片”模块中的黑白混合参数。通过控制特定颜色转换为灰度的方法，得到的图像还差不多。

图6-13　转换为黑白后效果单调

图6-14　调整参数后得到效果理想的黑白照片

3. 黑白效果更好的照片

有些照片只有在使用黑白效果时才比较精彩，如图6-15所示。在这张照片中，色彩并没有给照片增加太多的亮点，去掉颜色以后，图像变得忧郁而久远，让人难以忘记。

图6-15　转换后效果更好的照片

6.2.2　快速转换为黑白效果

根据自己的感觉，Lightroom中的黑白转换可能简单，也可能复杂。下面首先介绍把RGB彩色照片转换为黑白效果的基本步骤。下一节将介绍Lightroom的灰度混合控制，对照片进行细微调整，使照片真正具有专业效果。

1. 使用上下文菜单进行转换

在Lightroom的所有模块中，将鼠标指针放在照片预览窗口或照片显示窗格上，然后右键单击，在弹出菜单中执行“（修改照片）设置”|“转换为黑白”命令，可以快速完成照片的黑白转换，如图6-16所示。如果结果让人满意，则完成转换。否则，可以切换到“修改照片”模块中，对结果进行微调。

2. 使用快速修改照片进行转换

在图库模块中，可以利用快速修改照片面板将彩色照片转换成黑白照片。首先在预览窗口中选择需要转换的图像，然后在右侧“处理方式”的弹出菜单中选择“黑白”，如图6-17所示。

小技巧：在任意一个模块中，按下键盘的“V”键可以将选定的照片转换为灰度效果；再次按“V”键则转换回彩色图像。

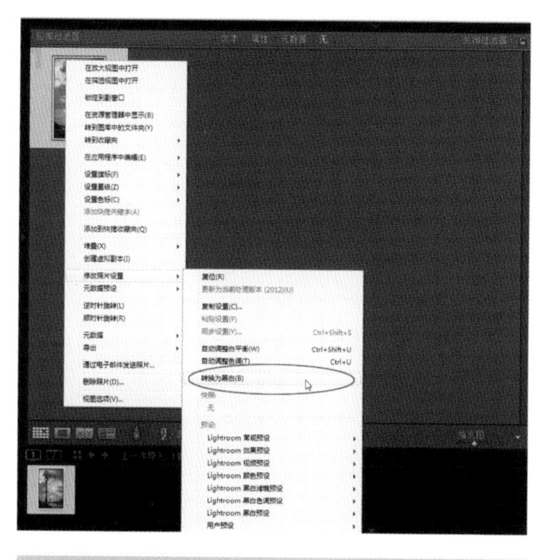

图6-16 使用“转换为黑白”命令

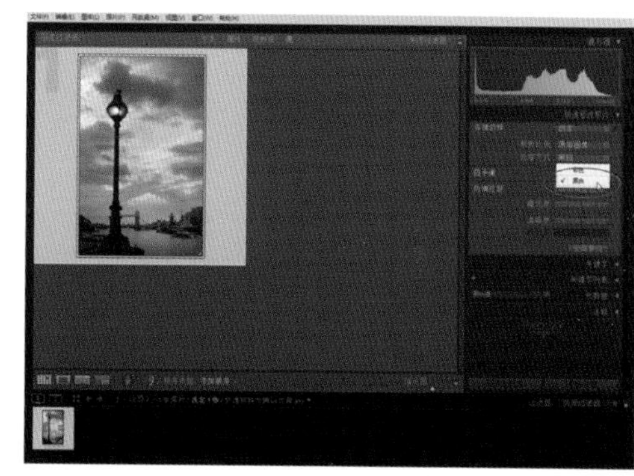

图6-17 使用“快速修改照片”面板

3. 在修改照片模块中进行转换

利用“基本”面板或“HSL/颜色/黑白”面板，也可以将彩色照片转换为黑白效果，如图6-18所示。无论在哪个面板中选择“黑白”，产生的结果都是一样的。使用这些方法可以打开黑白混合选项，进行最后的转换控制。

小技巧：如果使用“基本”面板中的“饱和度”滑块降低照片的饱和度，那么黑白混合将不起作用。

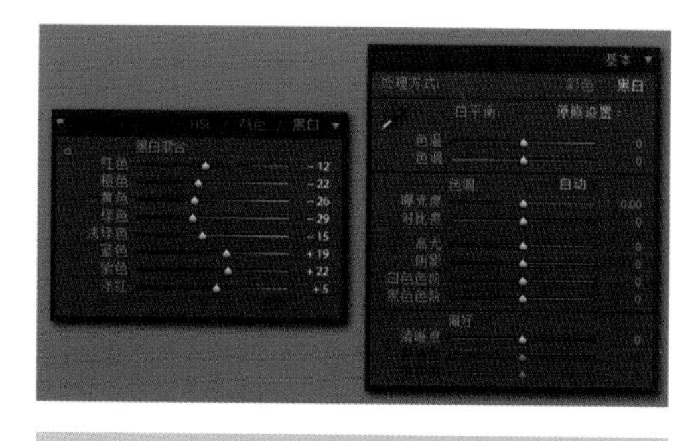

图6-18 使用“HSL/颜色/黑白”面板

6.2.3 使用黑白混合调整明暗层次

Lightroom的黑白混合控制彻底改变了其他软件对照片的黑白转换方式，使用这些控制以后，我们可以放弃其他既复杂又耗时的转换技术，从而在保证快速转换为黑白效果的前提下，按照拍摄者的意愿，获得更多的层次和反差。

1. 风光照片的黑白混合控制

这一节，我们首先使用一张风光照片讲解如何使用Lightroom中的黑白混合控制参数。在Lightroom中导入一幅照片，如图6-19所示。

单击“HSL/颜色/黑白”面板中的“黑白”按钮，如图6-20所示。这时照片的饱和度将减少，照片变成灰度效果，相当于我们为全幅照片调整了饱和度。

小技巧：许多数码相机现在都提供了一个“黑白”选项。Lightroom的黑白混合控制对这些图像不起任何作用，除非把它们保存为RAW文件，这样才能使用颜色数据。但是，利用修改照片模块等功能可以对这些相机生成的JPEG或TIFF灰度照片进行“色调调整”。

图6-19　导入照片

图6-20　使用“黑白”按钮转换照片

如果仔细观察黑白混合的滑块，可以发现它们的移动量并不完全相同，这是因为Lightroom创建的是一种“智能性”的自定义自动混合方式。这种自动混合考虑到了人眼感受不同颜色的亮度值时产生的差异。例如，即使蓝色、绿色和红色具有相同的亮度值，我们看到蓝色时，仍然觉得它比绿色或红色暗。所以在转换以后，Lightroom会自动将蓝色的部分处理得更暗一些，满足我们的视觉习惯。

在进行黑白转换时，如果不希望Lightroom应用自动黑白混合，可以执行菜单“编辑”|“首选项”命令，在弹出的对话窗口中，进入到“预设”选项卡下，在此将“第一次转换为黑白时应用自动混合”一项勾选去除，如图6-21所示。

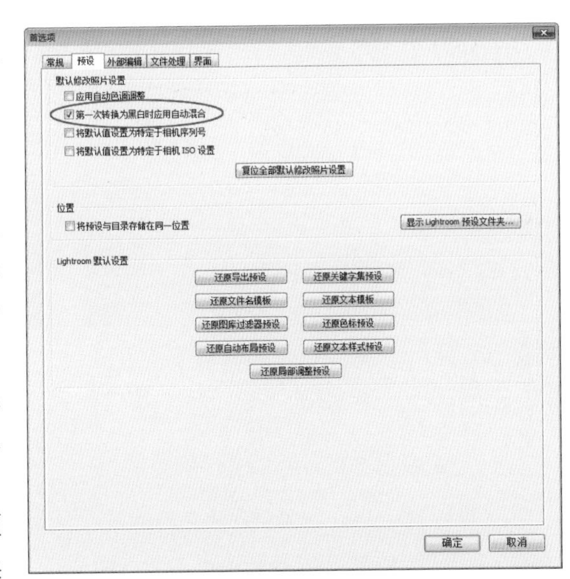

图6-21　设置“首选项”

虽然自动混合方式通常能够生成非常的好的结果，但是有时却不是拍摄者的最终意图，所以我们还需要对照片进行修改。从当前这个照片来说，我们的目的是使蓝色的天空变暗一些，让云彩的层次体现出来。

进行接下来的调整前，我们既可以使用默认的自动校正混合设置，也可以按住键盘的“Alt”键，然后单击“进行初始化”，从头开始调整，如图6-22所示。

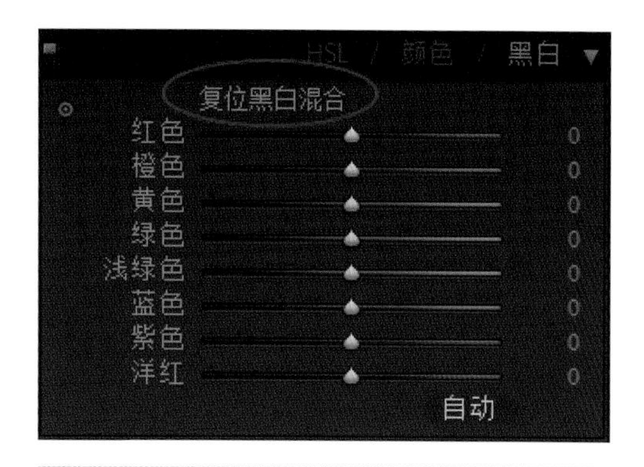

图6-22 复位黑白混合参数

接下来，最好还是使用目标调整工具调整亮度差异，在“HSL/颜色/黑白”面板上，单击目标调整工具图标，然后把鼠标放在需要处理的区域上（这个实例中的天空），向下拖曳，图像变暗；向上拖曳，图像变亮，如图6-23所示。在黑白混合面板上，可以看到使用这种方法的魅力所在。尽管我们不知道天空中存在哪些颜色（因为这时看到的是图像的黑白模式）。但是目标调整工具知道，所以“蓝色”和“浅绿色”对应的滑块都有相应的移动。

可以在照片的不同区域继续使用目标调整工具，然后基于该工具下面图像的色彩值，使这些区域变亮或变暗。使用黑白混合滑块对颜色进行逐个处理的难度很大，除非事先知道这些颜色的位置。不过，这时有一个简便的方法，那就是使用校正前/校正后的比较视图。如图6-24所示，就是在比较视图下完成本节实例调整后的整体效果。

图6-23 使用目标调整工具

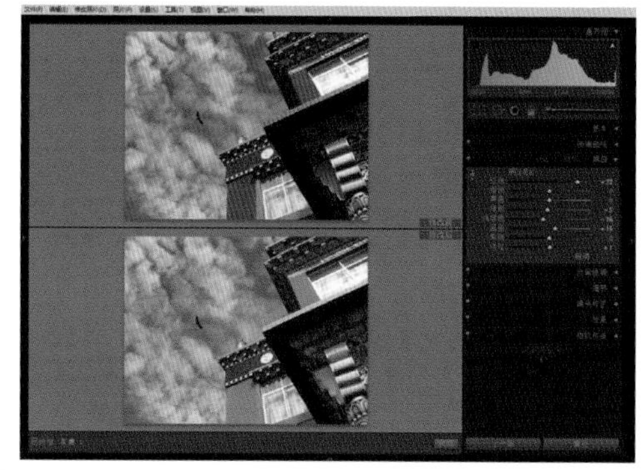
图6-24 使用校正前/校正后的比较视图

2. 人像照片的黑白混合控制

下面，我们再通过一幅人物肖像照片，理解使用黑白混合控件的重要性。

首先，在Lightroom中导入一幅本节实例讲解所对应的照片，如图6-25所示。这是一幅典型的人像作品，整体呈现出亮调风格。我们将对这幅照片转换为黑白风格，然后再根据转换后的变化对照片进行色调的调整。

接下来，切换界面进入到“修改照片”模块中，然后打开“HSL/颜色/黑白”面板，单击“黑白”按钮，将照片转换为黑白效果，此时得到效果将如图6-26所示。观察照片，我们发现周围环境显得太亮，使得人像主体的突出不够明显，所以下面，我们首先来处理背景和人像的明暗关系。

图6-25　导入照片

图6-26　使用“黑白”按钮转换照片

在开始使用黑白混合参数调整场景明暗以前，我们有必要将它们的参数恢复默认数值，所以按住键盘的“Alt”键的同时，单击“复位黑白混合”按钮，黑白混合下的所有参数都将变成0，同时场景也发生细微的改变，如图6-27所示。

在“HSL/颜色/黑白”面板中选择使用目标调整工具，进入到工作区中，将鼠标放在人物右上角的一处背景上，向下拖曳鼠标，背景部分将变暗，同时人像的皮肤几乎不发生任何变化，如图6-28所示。进入到右侧面板中查看，我们当前减弱的是“绿色”和“黄色”两种色调在照片中的分布数量。

图6-27　复位黑白混合参数

图6-28　使用目标调整工具

我们想对背景中人像后面树的亮度再有所降低，所以进入到右侧“HSL/颜色/黑白”面板中，单独拖曳“绿色”对应的滑块，将参数减小，如图6-29所示。通过上述两个步骤的操作，当前照片中背景的暗部的范围就获得了较大的提升。

最后，再适当增加人像皮肤的亮度，选择使用目标调整工具，进入到工作区中并在人像皮肤上拖曳鼠标，如图6-30所示。从右侧面板中的参数可以看出，这个步骤主要增加的是“橙色”在照片中的分布数量，增加数值的多少以保证皮肤的明暗层次清晰为准则。

使用黑白混合前后的对比效果如图6-31所示，在人像主体亮度不变的情况下，通过对背景亮度的降低，既有利于表现主体，又增加了场景的明暗变化。

图6-29　调整“绿色”对应的参数

图6-30　调整皮肤的亮度

图6-31　使用黑白混合前后的效果对比

通过上述两个实例可以看出，当把彩色照片转换为黑白效果以后，场景中颜色尽失，要想让照片仍然具有感染力，那么明暗变化以及照片的层次是后期黑白转换后需要首先要考虑的问题。如何保证主体在影像中的地位不变，还能让场景中的明暗产生必要的层次，才是黑白混合参数使用的目的。

6.2.4　使用“分离色调”面板调整颜色

在上一章中，我们曾经介绍过“分离色调”面板，这组功能主要是为黑白效果而服务的。这一节，我们将重新使用“分离色调”面板的功能，对转换后的黑白照片进行颜色调整，从而理解这个面板与黑白转换之间的紧密联系。

1. 单色调效果的魅力

首先，我们可以使用“分离色调”面板为照片创建一致的颜色，这种单色调效果的照片具有一种独特的魅力。在Lightroom中导入一幅本节实例所需要使用的照片，如图6-32所示。

接下来，进入到“基本”面板或“HSL/颜色/黑白”面板中，将照片转换为灰度。然后根据需要调整黑白混合，如图6-33所示。

图6-32 导入照片

图6-33 转换为黑白混合效果

打开“分离色调”面板，把“平衡”滑块向右移动到最大值+100，这么做的目的是把颜色值均衡地应用于所有色调值，而不是仅仅应用于高光或阴影区域；把“饱和度”滑块移动到需要的位置，然后移动“色相”滑块，直至得到需要的颜色。同时，配合“饱和度”滑块用来控制颜色的强度，如图6-34所示。

2. 模拟一种负片反冲效果

负片反冲技术是处理胶片时常用的一种技术，就是谨慎地对胶片进行不正确的处理。虽然其结果不可预测，但通常会形成有趣的非自然色彩和高对比度。利用Lightroom的“分离色调”面板可以模拟这种技术。

首先，在Lightroom中导入一幅照片，然后在“HSL/颜色/黑白”面板中将其转换为黑白效果，如图6-35所示。为了后期使用“分离色调”方便，在此建议读者将黑白混合的所有数值设置为0。

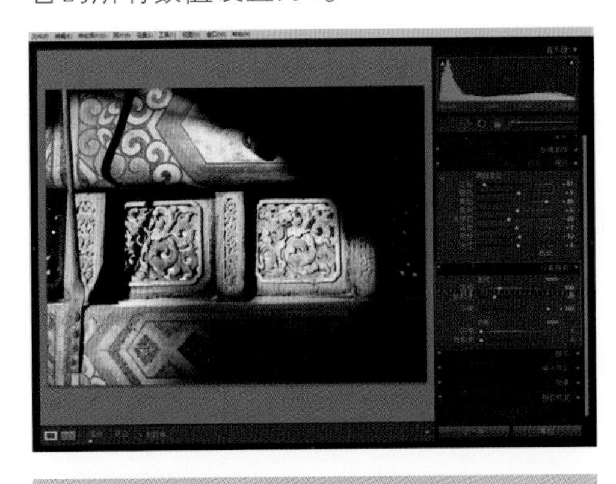

图6-34 调整“分离色调”面板的参数

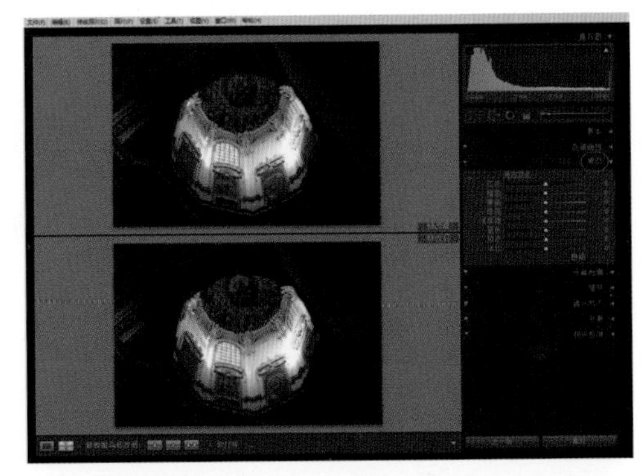

图6-35 导入照片并转换为黑白效果

使用“分离色调”面板中的控件制作负片反冲效果的基本原理是：对应用于高光区域和阴影区域中的颜色和饱和度，分别进行调整，并使用中间的“平衡”滑块控制高光和阴影区的分布面积。下面，进入到分离色调面板中，分别调整高光区以及阴影区的“色相”和“饱和度”，让高光区呈现为新绿色，让阴影区呈现为暗红色，并适当调整它们的饱和度数值，如图6-36所示。

最后，再进入到上方“HSL/颜色/黑白”面板中，针对当前高光区和阴影区的范围和颜色，使用目标调整工具进行微调，如图6-37所示。虽然“分离色调”面板中的“平衡”也能实现对两个范围颜色的分配，但是使用目标调整工具要显得更加灵活一些。

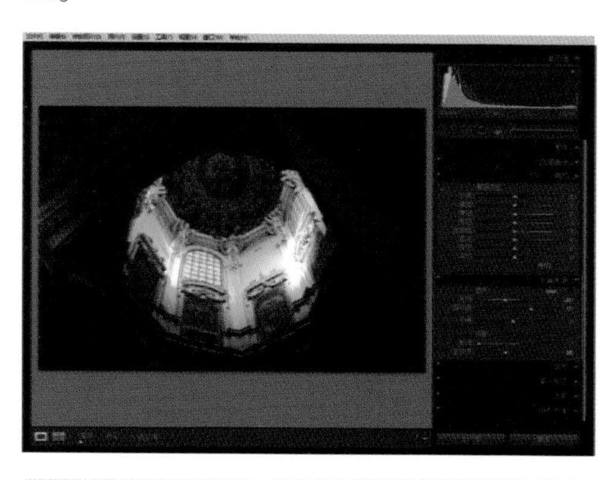

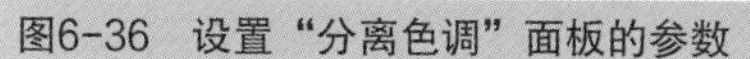
图6-36　设置“分离色调”面板的参数

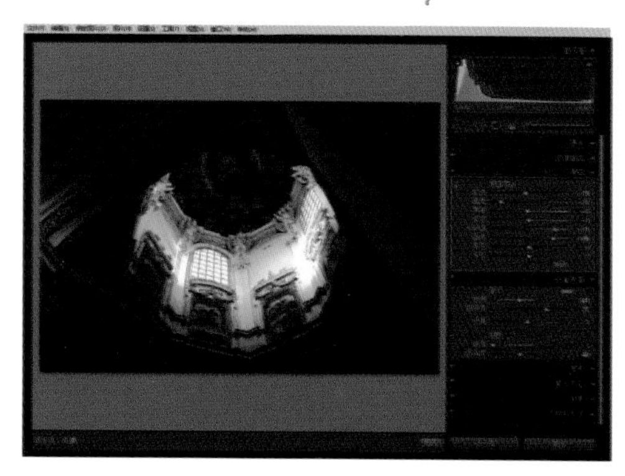

图6-37　使用目标调整工具微调颜色

6.3　“预设”面板——自动化的效果模版

Lightroom中的“预设”面板与Photoshop里面的“动作”面板非常相似，我们可以应用这个面板中提供给我们的很多预设效果，直接作用到照片上，省略了对参数的调整；也可以将已经调整完成的照片效果存储出来，用于其他照片使用；还可以载入其他用户制作完成的预设，用于自己使用。可以说，使用“预设”面板，既可以获得满意的照片效果，又可以最大限度地提高工作效率。这一节，我们将对Lightroom中的“预设”面板进行详细了解，通过实例掌握这个功能的优势所在。

6.3.1　使用“预设”面板

Lightroom的“预设”面板分门别类地提供了制作各种效果的照片预设，我们可以通过选择这些预设，瞬间实现照片的特殊艺术效果。

1. 浓墨重彩——使用默认预设

这一节，我们通过一个简单的实例，了解如何使用Lightroom中的默认预设。首先，在Lightroom中导入一幅照片。为了节省界面的显示范围，大家可以暂时将右侧的面板组暂时隐藏，并打开左侧的面板组。如图6-38所示，Lightroom中的“预设”面板位于“修改照片”模块中，左侧“导航器”面板的下方。

小技巧：除了“修改照片”中存在“预设”面板以外，在“导入照片”界面的“在导入时应用”面板、“图库”模块的“快速修改照片”面板中也提供了这些预设的使用，甚至我们在其他模块的界面下，右键单击照片显示窗格中的图像，在弹出菜单中执行“修改照片设置”命令，也可以选择这些预设。

在“预设”面板中，首先是Lightroom为我们提供的一些默认预设模块，这些模块以成组的形式管理，当我们把预设组名前面的下三角打开以后，就会看到每组当中具体的预设数量和名称，如图6-39所示。当我们将鼠标放在每个预设上面时，“导航器”面板会实时预览应用该预设以后的照片效果。

图6-38　导入照片并打开“预设”面板

图6-39　使用导航器预览预设效果

下面，我们为当前工作区中的照片快速指定一种预设风格。首先在左侧“预设”面板中打开“Lightroom颜色预设”组，然后单击选择“跨进程3”这个预设，此时工作区中的照片整体色调将发生变化，如图6-40所示。

应用默认预设前后的效果对比如图6-41所示。这种预设风格呈现出一种浓墨重彩的效果，可以在人像作品中使用。当然，Lightroom中为我们设置了大量的默认预设，读者可以分别使用它们，了解应用后所获得的效果。

图6-40　使用“跨进程3”的预设

图6-41　应用预设前后的效果对比

2. 仿老照片效果——预设后的再编辑

由于每幅照片的明暗以及色调变化，预设不一定适合于所有照片。所以，我们通常都会对应用过预设以后的照片适当微调，以便于更加完美地诠释作品的风格。接下来，我们通过制作一种仿老旧照片风格，了解对使用预设后的照片再编辑的方法。

首先，在Lightroom中导入这一节实例所对应的照片文件。将界面切换到“修改照片”模块中，并进入到左侧“预设”面板里面，单击“Lightroom颜色预设”中的“仿旧照片”，将这个预设效果作用到当前工作区的照片当中。此时场景将发生变化，照片呈现出一种偏黄色的效果，如图6-42所示。

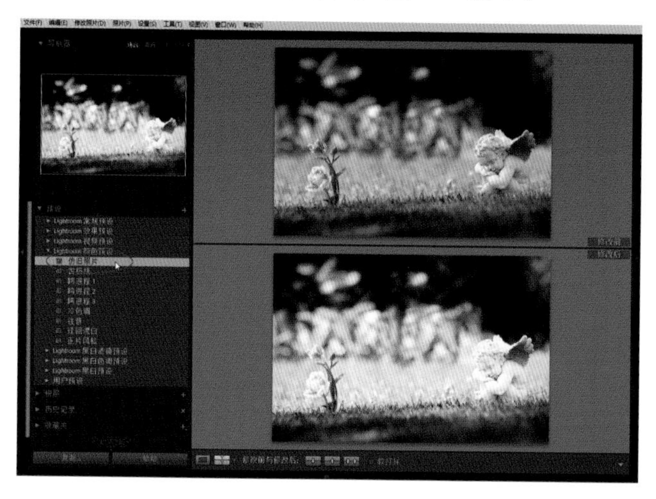

图6-42　使用“仿旧照片”的预设

观察当前场景中的照片，我们发现它还显得太亮，与照片那种灰暗的效果不符。那么，到底这个预设为当前照片修改了哪些参数呢？我们只有进入到右侧参数面板组当中才能知道。将左侧面板组暂时隐藏，并打开右侧面板组。如图6-43所示，我们发现，“仿旧照片”自动调整了很多的数值，这些数值作用到一起，构成了当前照片的效果。虽然离最终效果还有一定差距，但是仍然为我们节省了时间。

下面，我们对照片的色调进行必要的微调，以让其更加符合旧照片的风格。首先调整“曝光度”这项参数，让图像的整体亮度降下来，如图6-44所示。

图6-43　“仿旧照片”使用的各种参数

图6-44　调整照片的“曝光度”数值

进入到下方“效果”面板中，虽然“仿旧照片”在这个面板中进行了参数的修改，但是我们仍然要重新设置这部分数值。分别在“裁切后暗角”以及“颗粒”两个选项区中调整参数，为照片增强暗角效果，并通过颗粒的添加模拟胶片的颗粒质感，如图6-45所示。这样，我们就完成了对旧照片风格的模拟。

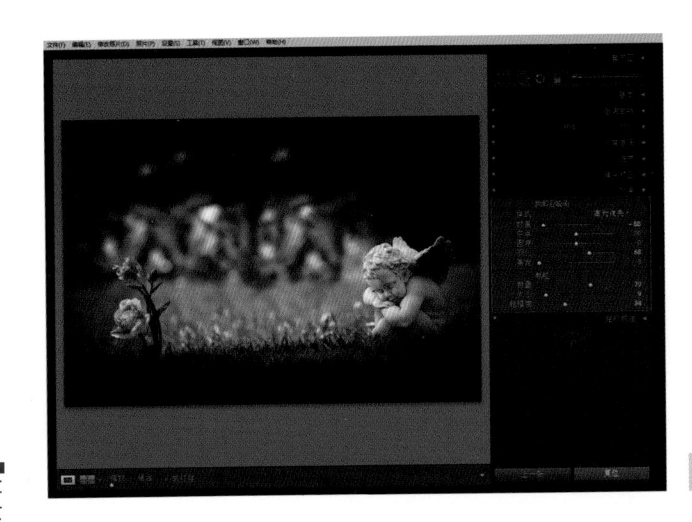

图6-45　为照片添加暗角和颗粒

6.3.2 使用自己制作的预设

Lightroom除了可以使用默认的预设以外，我们还可以将制作完成的照片效果存储为预设，以方便以后的照片使用。

接下来，我们仍然以上一节制作完成的旧照片风格为例。首先将这个照片的效果保存为预设，然后将其应用到其他照片中。选择上一节中用于充当实例的照片，或者重新导入这个图像。进入到左侧“预设”面板中，单击该面板右上角的“+”符号，在弹出的对话窗口中设置保存预设的相关参数，如图6-46所示。

在该窗口中，上方用于设置预设名称以及保存的文件夹；下方用于设置保存的相关参数。我们知道，一幅照片效果的形成，可以需要调整很多参数，所以在此确定有哪些参数需要保存。如果读者不确定参数的名称，可以单击窗口下方的“全选”按钮。在该窗口中间还有一项“自动设置”，在此用于确定是否对其他照片应用该预设时，根据照片的具体曝光情况调整色调。通常来说，系统自动调整的色调都不很准确，往往还需要手动调整，所以该项参数可以忽略。

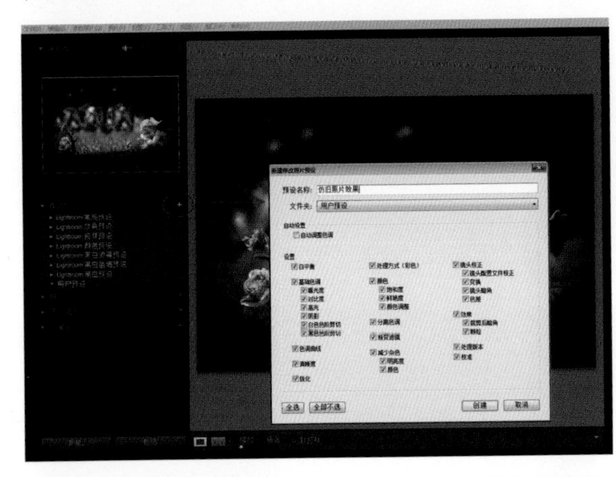

图6-46　将效果保存为预设

预设
Lightroom 常规预设
Lightroom 效果预设
Lightroom 视频预设
Lightroom 颜色预设
Lightroom 黑白滤镜预设
Lightroom 黑白色调预设
Lightroom 黑白预设
用户预设
仿旧照片效果
快照
历史记录
收藏夹

图6-47　保存后的预设将出现在面板中

将上述参数设置完成以后，我们就会在“用户预设”组中找到刚刚完成创建的预设，如图6-47所示。这样，我们就可以随时对其他照片应用这个预设了。

在Lightroom中导入一幅照片，并切换到“修改照片”模块中，进入“预设”面板并选择上面我们创建的预设，瞬间就会让照片的色调发生变化，如图6-48所示。如果当前照片与制作预设使用的照片色调相近，那么得到效果也几乎相同；如果色调差异较大，我们往往仍需要到右侧控制面板组中对参数进行微调。

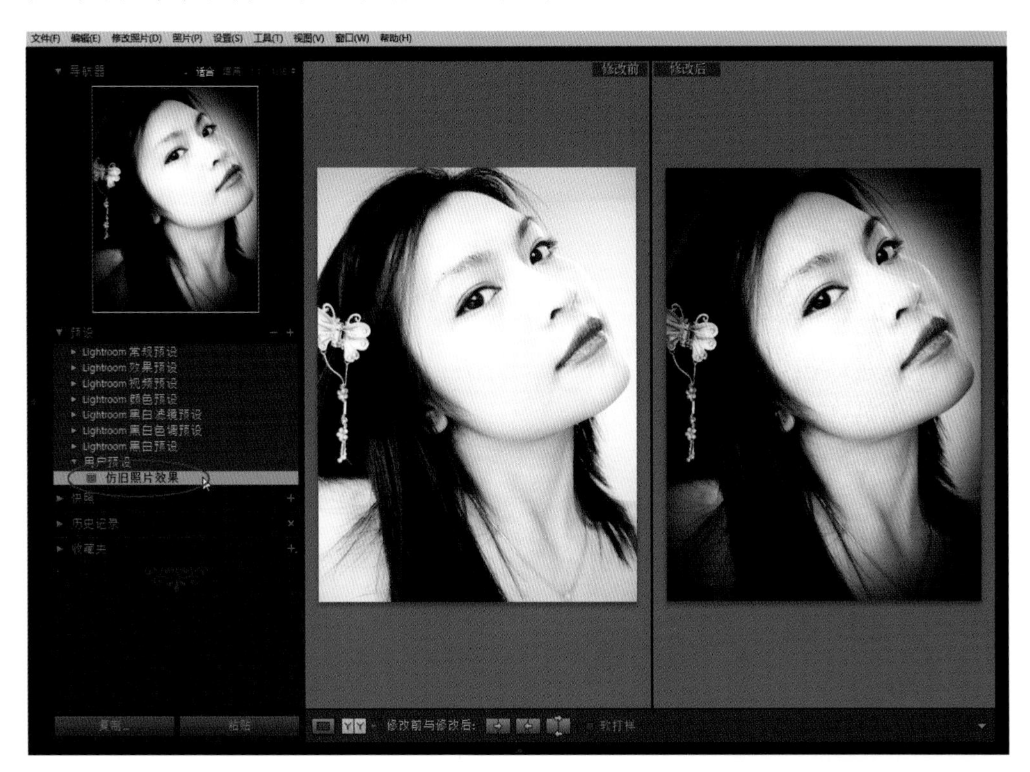

图6-48　对其他照片使用保存的预设

6.3.3　使用第三方预设

所谓第三方预设，既不是Lightroom提供的默认预设，也不是我们自己制作的预设，而是其他Lightroom使用者制作并发布的预设。在这些预设当中，有很大一部分是免费的，我们完全可以在Lightroom中载入并使用它们，为照片的后期处理提供更多的帮助，学习更多的经验。

要想得到更多的免费Lightroom预设，可以通过网络获取。例如，我们可以登录谷歌搜索引擎（www.google.com），然后在搜索框中输入“Lightroom Presets Free”（Lightroom免费预设），然后单击搜索，这样会生成很多的网址，如图6-49所示。

很多网站都提供了Lightroom免费预设的下载服务，如图6-50所示。在这些网站上，通常会列出预设的名称、这些预设适合哪些类型的照片、可以得到什么效果，而且往往还具有前后对比的效果照片，非常方便。

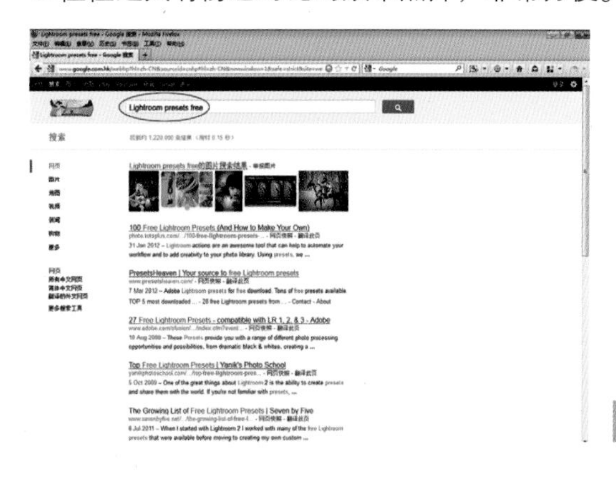

图6-49　在网上搜索第三方预设

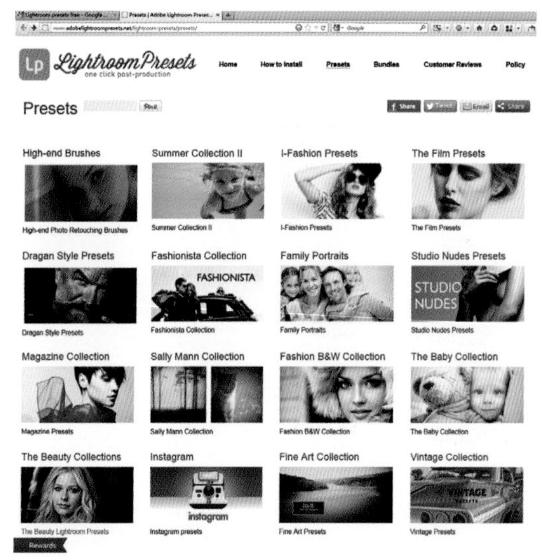

图6-50　提供第三方预设的某网站

将预设下载下来以后，我们就可以将它们载入到Lightroom当中，并应用于我们自己的照片处理中了。首先，我们在Lightroom中导入一幅需要应用预设的照片，然后进入到左侧“预设”面板中，在面板中单击鼠标右键，在弹出的菜单中执行“导入”命令，如图6–51所示。

在弹出的对话窗口中选择我们下载的预设，如图6–52所示。Lightroom中的预设是以“.lrtemplate”为扩展名，为了方便使用，建议读者将一些经常使用的预设重命名为中文。

默认状态下，载入的预设将出现在“用户预设”组当中。选择这个载入的预设，会让当前工作区中的照片发生变化，如图6–53所示。

第三方预设数量众多，效果出众，但是如果让我们一个个下载并载入显得非常麻烦，在本书的配套光盘中，为读者提供了大量的预设文件，大家可以自由使用。值得注意的是，每一个预设的形成只是针对单独的照片，并不具有普遍意义，更不会对所有照片都产生最佳的效果。所以大家在使用预设以后，仍然要根据照片的具体问题进行具体参数的微调，不要过度依赖这些预设文件，否则“舍本求末”，就失去了学习Lightroom的意义。

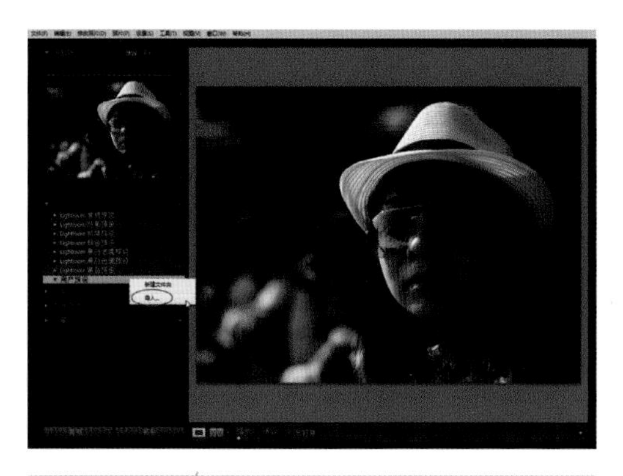

图6-51　执行预设的“导入”命令

图6-52　找到下载的预设文件

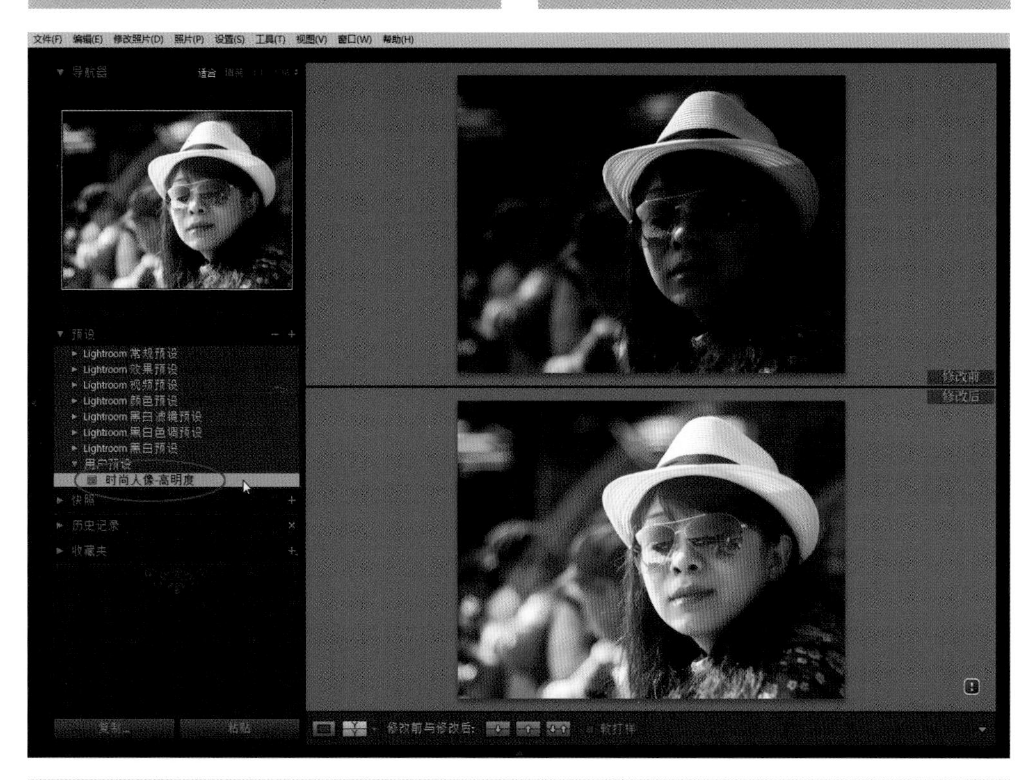

图6-53　对照片使用载入的预设

图7-15　选择页面

接下来，我们可以在当前页面中添加照片。进入到下方照片显示窗格中，选择一幅要添加到这个页面中的照片，然后按住鼠标左键直接拖曳到当前页面上，如图7-16所示，这样就完成了当前页面布局下照片的添加操作。

完成添加以后的照片，可以在页面上将其进行选择，然后通过调整上方的“缩放”滑块来改变图像在页面上的显示大小，如图7-17所示。当然，我们也可以通过按住鼠标左键拖曳照片进行平移操作。通过上述两个步骤，基本上就可以将照片调整到满意的显示效果。

图7-16　添加照片

图7-17　调整照片的显示大小

如果要添加下一个页面，我们不用重新回到多页或者跨页状态进行页面的选择，直接通过单击工具条中央以左右箭头显示的“翻页”按钮就可以完成，如图7-18所示。

如果我们要使用其他照片替换掉已经添加的照片，可以直接在照片显示窗格中拖曳照片覆盖到当前位置即可；同样的道理，要想互换照片，也可以将当前照片拖曳到需要交换位置的照片处，系统会自动进行替换。

要想删除当前照片，我们需要将其进行选择，然后单击鼠标右键，在弹出的菜单中执行“删除照片”命令，如图7–19所示。同时，我们也注意到，这个菜单中还包括了添加页面和删除页面的操作，方便我们在制作书籍的过程中，根据需要随时增减页面的数量，非常方便。

图7–18　使用左右箭头翻页

图7–19　删除当前照片

7.2.3 参数面板详解

上面我们简要介绍了“书籍”模块中的一些基本操作，而要制作一本装帧美观、布局合理的书籍，光有它们是不够的，我们还需要详细了解“书籍”模块右侧的各个参数面板组的作用和意义。

“书籍”模块的参数面板组都集中在界面的右侧部分，一共由8个面板构成，如图7-20所示。下面，我们详细了解这些面板的具体使用方法。

图7-20 “书籍”模块参数面板组的位置

1. 书籍设置以及输出

“书籍设置”面板用于选择将制作完成的书籍输出到PDF还是 Blurb.com，以及指定书籍大小和封面类型（精装版或平装版）。

如果选择PDF输出，可以选择JPEG品质、颜色配置文件、文件分辨率以及是否要应用锐化，如图7-21所示。将上述参数设置完成以后，可以单击“书籍”模块右下角的“将书籍导出为PDF”按钮将书籍输出。

如果选择打印到Blurb.com，将在您进行操作时根据书籍的纸张类型和页数来更新估价，如图7-22所示。将上述参数设置完成以后，单击“书籍”模块右下方的“将书籍发送到Blurb”，就可以将制作完成的书籍发布到www.blurb.com这个网站上了。这是一个电子书籍展示和销售网站，如果用户的书籍和画册制作精良的话，可以出售给需要的买家。

2. 自动布局

“自动布局”面板用于自动设置书籍的页面布局，如图7-23所示。

在默认状态下，如果用户对布局方式不是很熟练，可以直接单击“自动布局”，系统会按照当前照片的数量以及默认状态下的布局方式，为照片自动分配页面；当然，

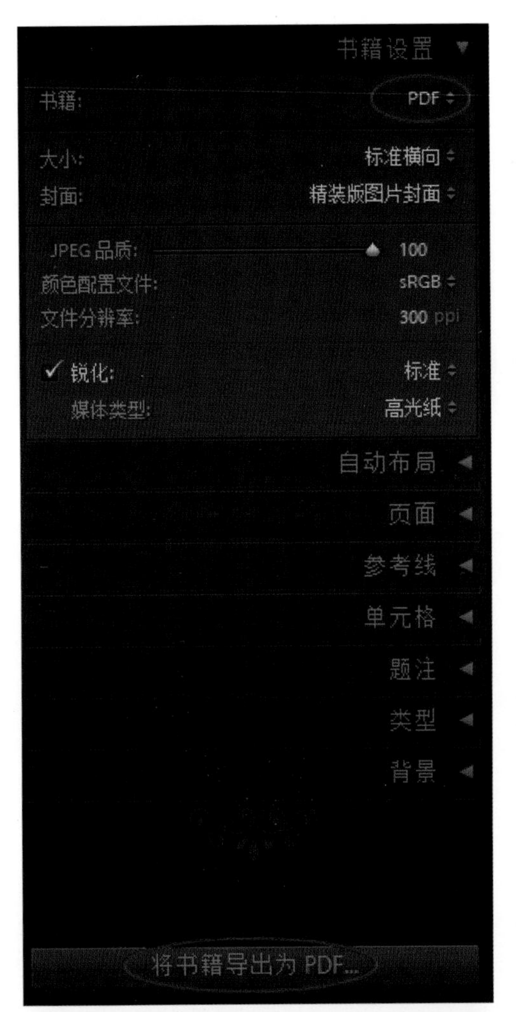

图7-21　以PDF输出书籍

图7-22　将书籍发送到Blurb.com网站

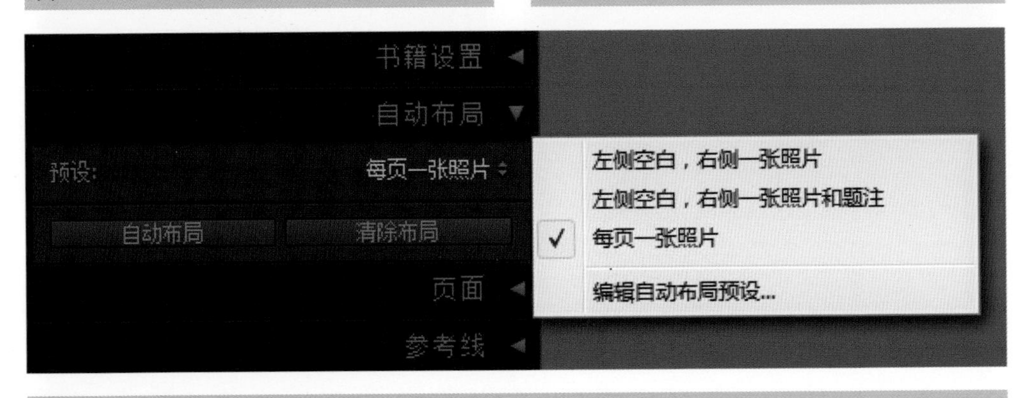

图7-23　“自动布局”面板

如果觉得布局不理想，也可以单击“清除布局”按钮，自己来合理地布置布局方式。

单击“预设”右侧的小三角，会弹出一个菜单，这里面提供了几种常用布局方式，以满足用户对“自动布局”的需要。如果当前几种布局方式觉得不合理，也可以执行菜单下方“编辑自动布局预设”命令，在弹出的对话窗口中，对左侧页面和右侧页面分别调整布局方式，如图7–24所示。

3. 页面

“页面”面板用于在书籍中添加页面，如图7–25所示。

在“页面”面板上，单击“添加页面”按钮，可在当前选定页面旁边添加页面，新页面将使用选定页面，如果觉得这个页面布局不理想，可以单击面板右侧的小三角，在弹出的模板中，选择一种页面模式。

在“页面”面板上，单击“添加空白”按钮，可在当前选定页面旁边添加空白页。如果我们没有选择任何页面，那么这个空白页面将自动添加到书籍的最后。

4. 参考线

“参考线”面板用于在书籍工作区中启用或禁用参考线，如图7–26所示。参考线不会被打印出来，只是为我们在进行页面布局时提供参考，以防止页面上的元素被打印时出现偏差。

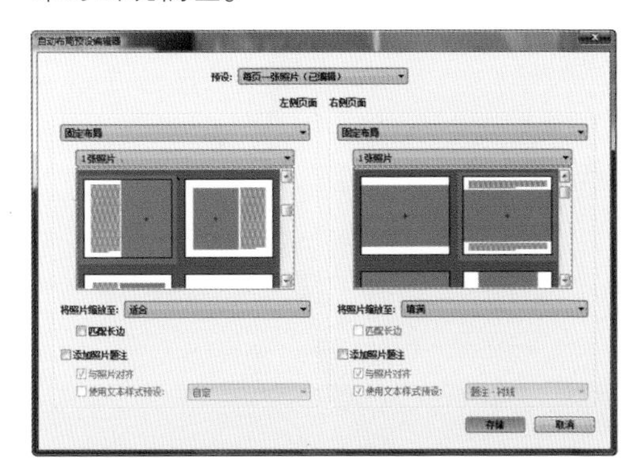

图7–24 编辑自动布局预设

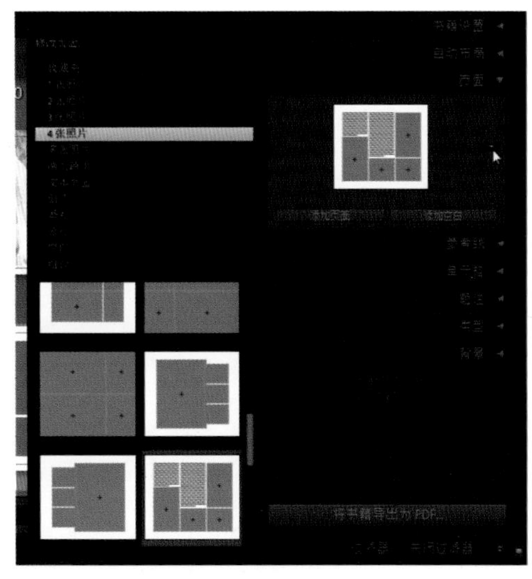

图7–25 “页面”面板

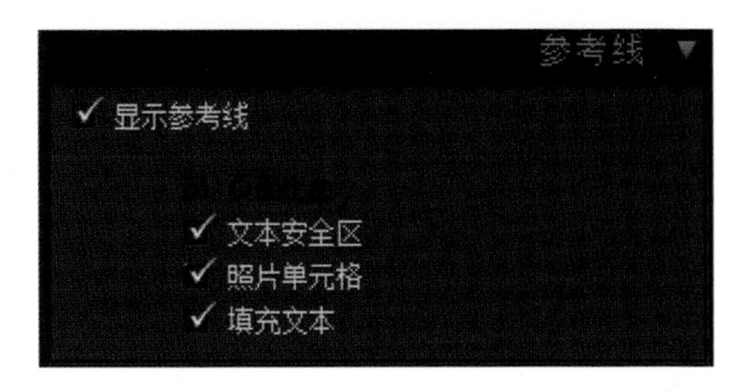

图7–26 “参考线”面板

5. 单元格

“单元格”面板用于控制文字区域在页面上的显示范围，如图7–27所示。拖动“边距”滑块可在单元格中图像或文本周围适当地添加空间。使用边距可以有效地自定图像在其单元格中的外观，以及自定各个页面模板。默认情况下，边距会统一应用到所有边。单击“边距”标题右侧的三角形可以对单元格的每个边应用不同的边距量。我们可以在预览区域中选择多个单元格，并同时对所有选定单元格应用边距。

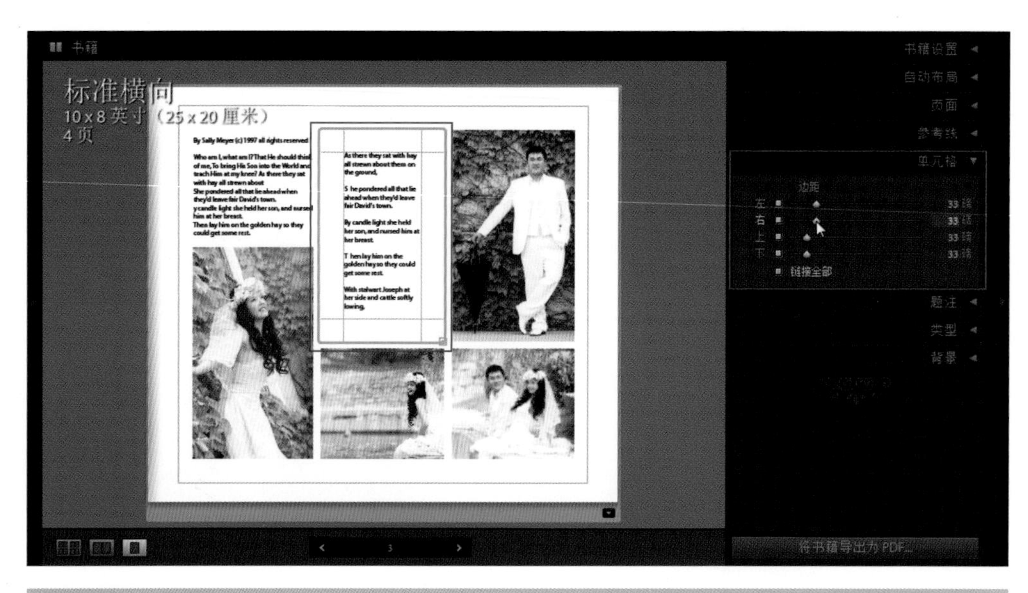

图7-27　“单元格”面板

6. 题注

“题注”面板允许我们对照片和整个页面添加文本题注字段，如图7-28所示。

在“题注”面板中将“照片题注”或者“页面题注”勾选以后，照片或者页面的下方将出现文字输入框，我们可以在这里输入文字，并配合“类型”面板设置文字的字体、颜色以及大小。如果要调整位置，则需要在“题注”面板中使用“位移”滑块来完成。

图7-28　“题注”面板

7. 类型

“类型”面板用于设置书籍中所有被输入文字的字体、样式、颜色、磅值和不透明度，如图7-29所示。单击“文本样式预设”右侧的小三角形可以指定更多文本预设选项，如字距调整、基线偏移、行距、字距、列数以及装订线，还可以指定水平和垂直对齐方式。

图7-29 “类型”面板

8. 背景

我们可以在“背景”面板中将照片、图形或纯色作为书籍页面的背景，如图7-30所示。要为场景中的书籍添加背景，首先需要选择一个或者多个页面，然后勾选“图形”或者“背景色”。我们可以将任意照片添加到书籍中充当背景，也可以使用软件中提供的一些基本纹饰作为背景，并且图形和照片都可以通过“不透明度”滑块来调整显示的透明程度。如果只是使用纯色作为背景，那么需要单击“背景色”右侧的“色块”为页面修改颜色。

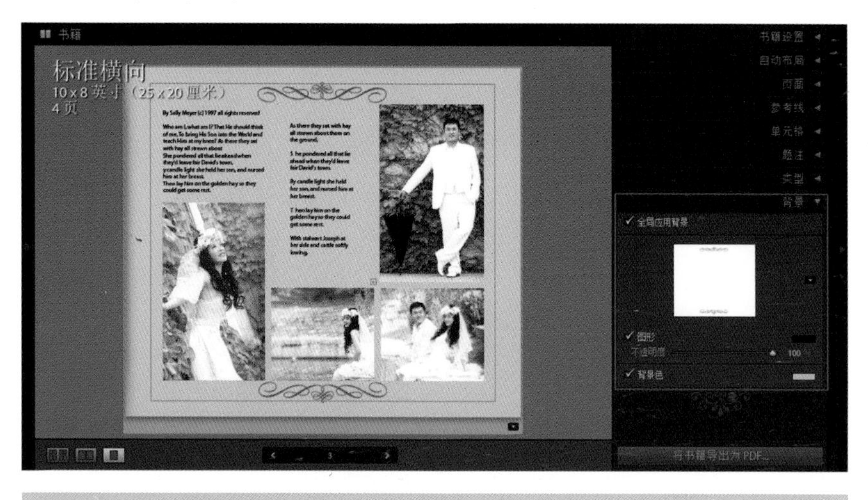

图7-30 “背景”面板

7.3 幻灯片放映

用户可以使用Lightroom 4中的“幻灯片放映”模块创建幻灯片放映，这种将音乐和照片切换结合到一起的方式，可以非常方便地实现在屏幕上进行照片的演示。在“幻灯片放映”模块中，用户可以设置各种不同的布局方式，添加各类效果以及置入文字，这些功能都帮助我们提高幻灯片的放映质量和效果。

7.3.1 认识“幻灯片放映”工作区

当我们将要制作幻灯片的照片处理完成并选择以后，可以通过单击模块区域中的“幻灯片放映”一项转换到“幻灯片放映”模块中。“幻灯片放映”工作区的组成如图7–31所示，下面，我们简述各个部分的作用。

小技巧：按键盘的“Ctrl+Alt+5”键，可以快速将当前模块转换到“幻灯片放映”中。

1 预览：在“预览”面板中，首先对照片进行预览，其中不包含网格及其他分散注意力的信息。

2 模板浏览器：其中包含了Lightroom的一些幻灯片预设，我们也可以在此创建自己的预设。

3 “导出”按钮：通过这两个按钮可以将幻灯片导出为PDF文件或者视频。

4 幻灯片工作区：主工作区。对幻灯片进行设置并观察效果的主要区域。

5 工具条：在此设置幻灯片的播放顺序以及部分文字输入。

6 照片显示窗格：在此选择用于制作幻灯片的照片。

7 参数面板：用于设置幻灯片的各种不同的参数，是整个模块最主要的部分。

8 “预览”和“播放”按钮：用于幻灯片的预览和播放。

图7–31 “幻灯片”模块

下面，我们分别针对“幻灯片放映”模块中区别于其他模块的内容从左向右为读者介绍这些功能的使用方法。

7.3.2　模版浏览器

Lightroom包含了几个放映模板，而且可以定制自己的模板。在“模板浏览器”面板中，当我们将鼠标放在一个模板名称上时，可以预览这个模板，并且在预览窗口中将立即显示这个模板的预览，如图7–32所示。如果要把某个模板应用于全部图像，则需要单击选择这个模板。

用户也可以在当前模板浏览器中创建自己的模板，用于后期使用。单击面板右侧的小“+”符号，用于新建预设模板。在弹出的窗口中可以设置预设的名称，如图7–33所示。

图7–32　预览模版预设

图7–33　新建预设模版

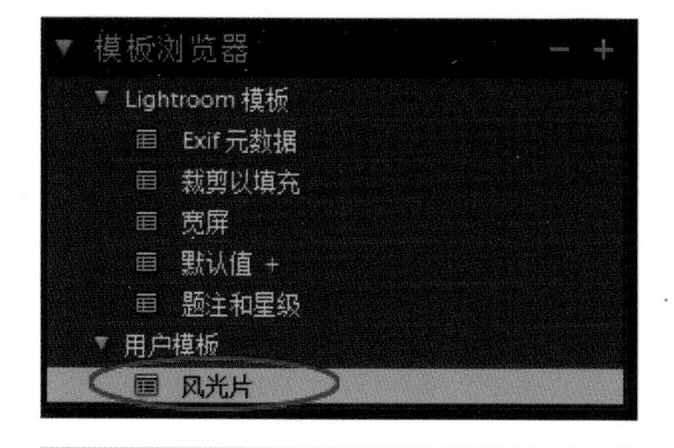

图7–34　增加的新模版

确定以后回到“模板浏览器”面板中，将在下方“用户模板”组中得到一个新的模板，如图7–34所示。

7.3.3　幻灯片工作区

幻灯片工作区用于显示图像、背景、网格以及和特定图像有关的文本，如图7–35所示。

如果在幻灯片工作区中单击并拖曳网格，可以控制图像与边框之间的关系，如图7–36所示。我们也通过右侧面板上的布局网格也可以更加准确地调整照片所占的面积，这部分内容将在后面章节中为大家介绍。

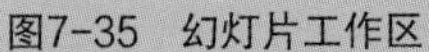
图7-35　幻灯片工作区

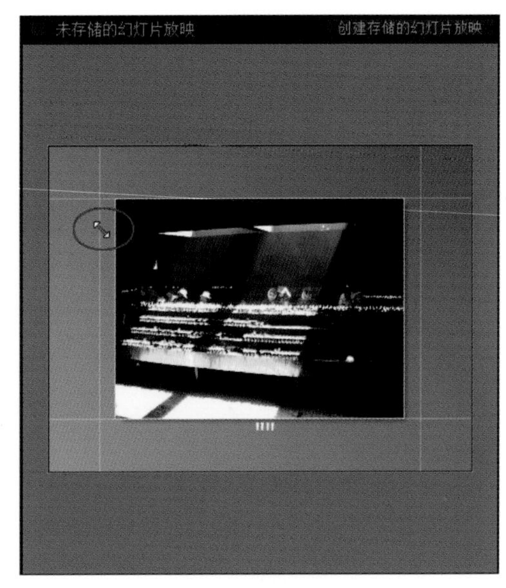

图7-36　控制图像与边框的距离

7.3.4　工具条

工具条用于控制幻灯片播放时的顺序以及添加自定义的文字，如图7-37所示。整个工具条上的按钮分为两个部分，一部分起到播放控制作用，最后一个“ABC”按钮用于自动添加文字和元数据。下面，我们分别来介绍它们的使用方法。

小技巧：如果读者电脑中的工具条显示不全，可以暂时将左右面板组隐藏掉，这样就会得到图7-37所示的完整工具条效果。

图7-37　工具条的位置

1. 播放控制按钮

幻灯片工具条上的第一个按钮是一个正方形，单击这个按钮时，将出现第一张幻灯片。单击左右箭头可以分别转到上一张或者下一张幻灯片。单击三角形图标，可以在放映模块中预览幻灯片。弯箭头可以顺时针或者逆时针旋转选定的装饰信息（如文本框、星级评定等级或者自定义面板），但是不能旋转图像。

2. “自定义文本”按钮

“自定义文本”按钮用于在幻灯片的每一张照片中添加自定义的文本内容或者照片的元数据，是非常方便的一项功能。

要在每张幻灯片上创建完全相同的自定义文本，可以单击工具条上的“ABC”按钮，然后在出现的“自定文本”文本框中输入文字。完成以后，按回车键。输入的文本将出现在工作区的框内，如图7–38所示。对文字的大小以及颜色的处理，需要结合右侧的叠加面板完成，我们将在后面章节中为读者介绍。如果要删除这个添加的文本，可以直接按键盘的“Delete”键完成。

图7–38 输入文字

这个框的大小和位置都可以进行调整，当我们从文本框的内部拖动时，可以移动文本框。这时，文本框将把自己拴在图像的边框上。无论图像的大小或者方向如何，文本都将和边框保持一致的距离，浮动到图像旁边或者在图像内部浮动，如图7–39所示。

拖动文本框的角点到需要的尺寸，可以调整文本的大小，如图7–40所示。

针对特定的图像，如果要把元数据作为幻灯片的说明使用，可以单击文本框旁边的箭头，然后使用弹出菜单中出现的各种预设，如图7–41所示。

如果这些预设都不合适，可以执行图7–41中的“编辑”命令。这时将弹出“文本模板编辑器”对话框，其中包含很多的选项。在“文本模板编辑器”对话框中，我们可以编辑一个自己的预设内容，然后将该预设存储，用于以后的使用，非常方便，如图7–42所示。

图7-39　移动文本框

图7-40　调整文本框的大小

图7-41　选择各种预设

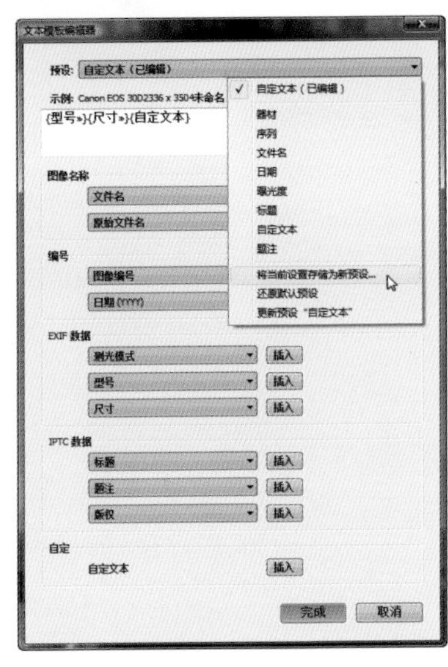

图7-42　编辑预设

7.3.5　参数面板

如果我们要制作一个精美的幻灯片，需要在右侧的参数面板组中进行相关参数的准确设置。如图7-43所示的就是“幻灯片放映”模块的参数面板组，一共由6个面板组成。下面，我们详细地来了解一下各个面板的功能以及参数。

图7-43　参数面板组

1. 选项

“选项”是右侧面板上的第一个面板，如图7-44所示。

选中“缩放以填充整个框”，图像将填满网格，必要时将对图像进行裁剪。单击图像，然后拖曳，可以把图像放入裁切区域中。选中“绘制边框”，沿着图像边界将添加实心边框。单击色块，然后从出现的颜色选择器中选择一种颜色，可以控制边框的颜色。利用“宽度”滑块可以控制边框的宽度。选中“投影”可以为照片创建投影，使照片更有深度。可以使用滑块控制阴影的不透明度、位移、半径和角度。

图7-44 “选项”面板

2. 布局

选中“显示参考线”以后，屏幕窗口将显示网格，如图7-45所示。

单击网格，然后把它们拖曳到位，就可以直接从观察窗口控制网格，从而控制图像区域的大小。我们也可以使用“布局”面板中的滑块控制网格，一样可以实现在图像区域拖曳的效果。单击“链接全部”可以让图像的长宽比例保持恒定。

图7-45 “显示参考线”面板

3. 叠加

“叠加”面板用于在幻灯片中添加各种文字和星级以及编辑它们的属性，如图7-46所示。

勾选“身份标识”一项，可以给每个幻灯片添加身份标识，但是不能同时使用多个身份标识。选中“指定颜色”，可以使用旁边的色块控制身份标识的颜色。利用滑块可以控制标识的不透明度和大小。勾选“在图像后渲染”一项，将把身份标识放在图像区域后面。

“星级”一项用于控制星级的显现。如果没有对照片进行星级评定，则不会出现星。利用旁边的色块可以控制星的颜色，“不透明度”和“比例”滑块控制星的不透明度和大小。

勾选“叠加文本”一项，可以控制选定文本的不透明度、颜色、字体和字型，文本由工具条中的“ABC”按钮添加。

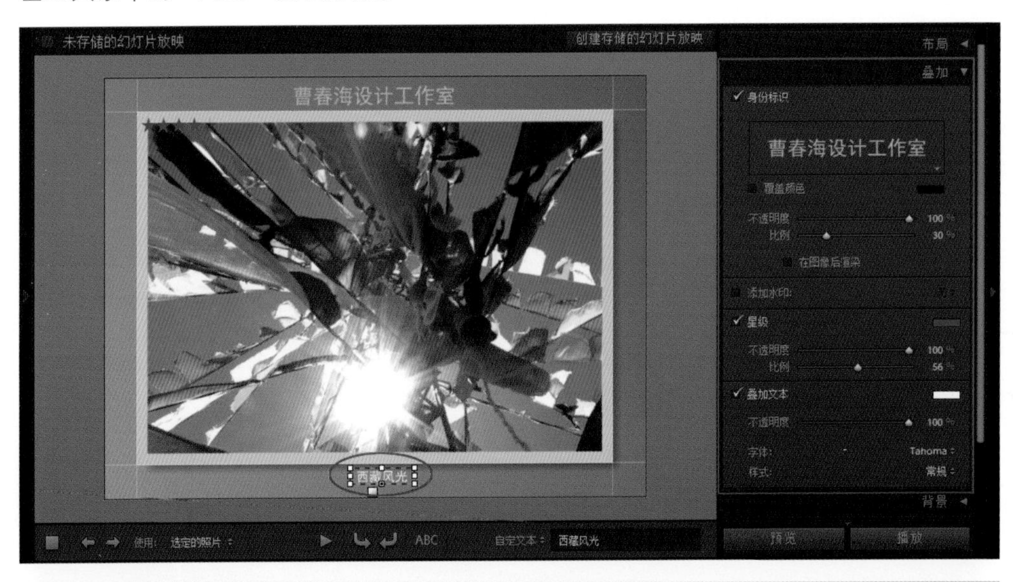

图7-46 “叠加”面板

4. 背景

“背景”面板用于在幻灯片中添加纯色、渐变色或者图像的背景。

对于纯色背景，可以只选中“背景色”一项，然后从颜色选择器中选择一种颜色。如图7-47所示，我们也可以创建一个渐变背景，通过“不透明度”和“角度”滑块可以控制背景。如果它的颜色不同于背景颜色，最终将得到一种渐变背景。

选中“背景图像”框以后，还可以把照片作为背景使用。把图像从照片显示窗格中拖放到框中，并利用“不透明度”滑块控制不透明度，如图7-48所示。

5. 标题

“标题”面板用于在幻灯片的开始部分和结束部分添加身份标识，如图7-49所示。

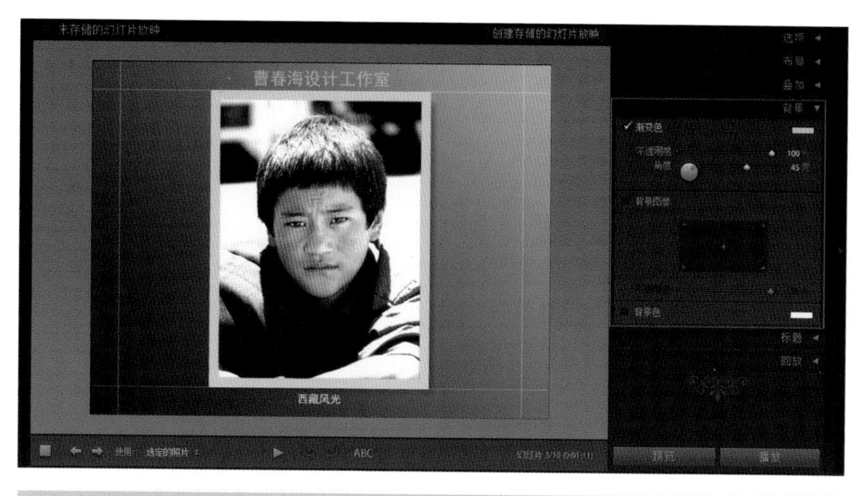

图7-47　设置渐变色背景

图7-48　设置图像背景

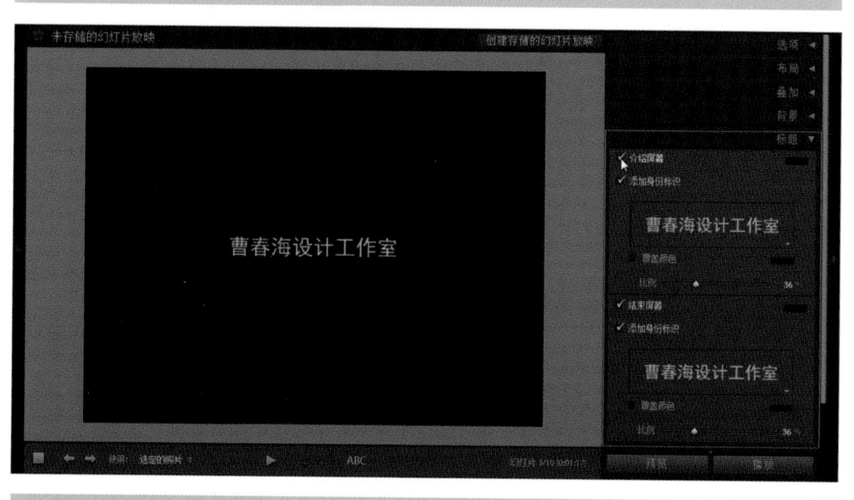

图7-49　“标题”面板

要想添加开始或者结束的标识，需要首先将“介绍屏幕”或者“结束屏幕”进行勾选，然后分别设置屏幕的颜色以及标识的颜色。通过拖曳“比例”滑块可以调整文字在屏幕上的显示大小。

6. 回放

“回放”面板用于设置幻灯片在播放时的相关设置，如图7–50所示。

图7–50 “回放”面板

选中“音轨”一项，用于在幻灯片中添加音乐。我们可以通过单击“选择音乐”按钮，从硬盘中找到用于添加到幻灯片中的背景音乐。“按音乐调整”允许我们根据被选择音乐的长度以及幻灯片数量合理安排每幅照片的显示时间。

幻灯片播放的选项非常简单，其中可以控制重播时间和渐隐时间。渐隐是目前唯一的切换方式。选中随机播放以后，幻灯片将不按照选定的顺序播放，而是随机播放，直到停止播放幻灯片为止。

7.3.6 幻灯片的播放和输出

在幻灯片制作过程中，要经常性地播放预览制作效果；在幻灯片制作完成以后，要对幻灯片进行输出。

1. 幻灯片的播放

我们在制作幻灯片的时候，随着不断修改参数，需要不断进行播放以检查制作的效果。Lightroom提供了两种不同的播放模式，分别为“预览”和“播放”，如图7–51所示。如果我们在制作幻灯片的过程中单击“预览”按钮，那么幻灯片将在中间的工作区进行播放，单击鼠标左键将停止预览；如果单击“播放”按钮，那么之后显示器将变暗，幻灯片开始播放。单击Esc键，可以停止播放。

2. 幻灯片的输出

Lightroom对幻灯片提供两种输出方式，分别为PDF的电子文档格式或者MP4的视频格式，它们需要单击如图7–52所示的按钮来完成。

如果要将幻灯片输出为PDF格式，那么需要单击界面左下角的“导出为PDF”按钮，然后在弹出的对话窗口中分别设置文件名称、照片的压缩比例、宽度以及高度数值等信息，如图7–53所示。

如果要将幻灯片输出为MP4格式，那么需要单击“导出为视频”按钮，然后可以在弹出的对话窗口中设置视频名称以及视频的长宽尺寸，如图7–54所示。

图7-51 “预览”和“播放”按钮

图7-52 输入按钮

图7-53 设置PDF格式参数

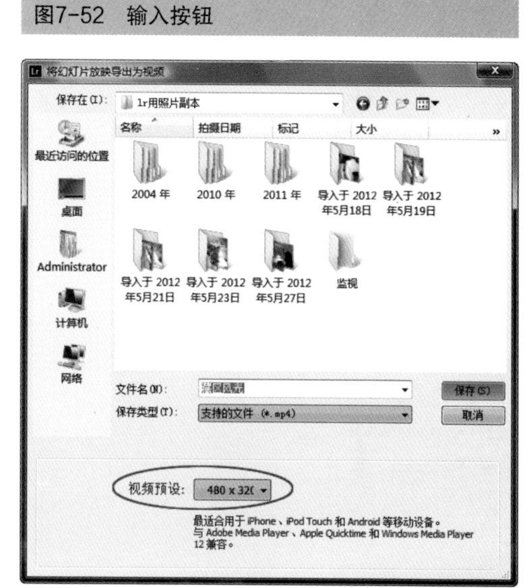

图7-54 设置MP4格式参数

7.4 打印

在数码摄影工作流程中，有时需要把照片打印出来。利用Lightroom的“打印”模块，可以一次打印一幅或者多幅照片。利用预设，可以把选定的照片变成各种尺寸，另外还可以创建自己的自定义预设。在照片的边框上，可以轻松地添加自定义文本或者基于图像元数据的文本，也可以在页面上的任意位置，以各种尺寸添加自定义面板。

7.4.1 认识“打印”工作区

当我们将要打印的照片处理完成并选择以后，可以通过单击模块区域中的“打印”一项转换到“打印”模块中。“打印”模块的工作区的组成如图7-55所示，下面，我们简述各个部分的作用。

小技巧：按键盘的“Ctrl+Alt+6”键，可以快速将当前模块转换到“打印”模块中。

1 预览：在位于左侧面板顶部的“预览”面板中，可以观察模板浏览器中预设的页面设置。把鼠标放在一个模板名称上，这个模板就会出现在预览窗口中。其中不会显示照片，只显示选定布局的轮廓。

2 模板浏览器：其中包含了Lightroom的一些打印预设预设，我们也可以在此创建自己的预设。

3 “页面设置”按钮：用于在打印时设置页面的属性。

4 打印工作区：主工作区。对照片进行设置并观察效果的主要区域。

5 工具条：用于预览打印的页面。

6 照片显示窗格：在此选择用于打印的照片。

7 参数面板：用于设置打印的各种不同的参数，是整个模块最主要的部分。

8 “打印一份”和“打印”按钮：用于最后打印输出使用。

虽然整个工作区的界面设置方式与上一节介绍的“幻灯片放映”具有很大的相似之处，但是“打印”模块具有自己独特之处，除了参数设置以外，在操作上也具有很大的差异，所以，下面我们来详细了解一下“打印”模块中的一些基本结构。

图7-55 “打印”模块

1. 模板浏览器

“模板浏览器”面板用于选择打印的页面布局，我们可以把鼠标指针放在模板名称上，然后在预览窗口中观察它们。模板浏览器提供了一些常用的预设，这些预设对应后文介绍的打印中的各种布局方式，如图7-56所示。单击面板顶部的“+”按钮，我们可以创建自定义模板。移除用户模板时，可以选中名称，然后单击面板顶部的“-”按钮。

图7-56 预览模版和创建模板

2. “页面设置”按钮

当我们单击左侧面板组下方的“页面设置”按钮时，将弹出如图7-57所示的对话窗口。在“页面设置”对话窗口中，用于选择所使用打印机的类型，页面的尺寸以及打印的方向等参数。在使用Lightroom进行打印以前，应该首先进入“页面设置”对话窗口中将纸张的尺寸和打印方向设置好，这样软件才会根据这些设置调整布局。

实际上，当我们在电脑中使用其他软件执行打印操作时，也会弹出这个“页面设置”窗口，所有的操作都是一样的。

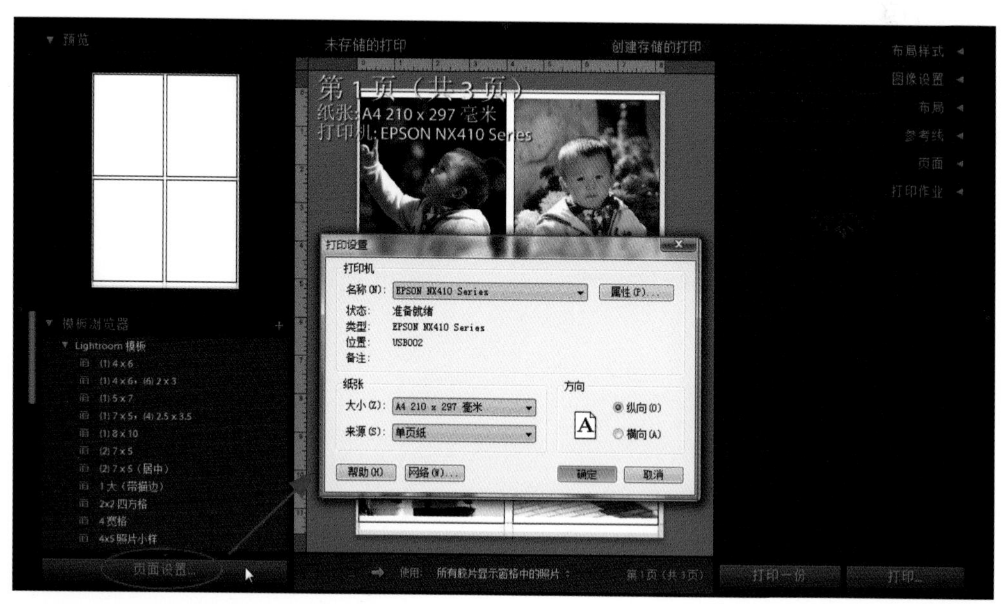

图7-57 使用“页面设置”按钮

3. 打印工作区

打印工作区是我们进行打印设置后用来观察效果的主要窗口，它由图像布局、叠加信息、标尺和网格组成，如图7-58所示。

我们可以通过执行“视图”菜单下的相应命令，或者对应快捷键控制叠加信息、标尺和网格的可见性。

4. 工具条

工具条位于打印工作区的底部，其中只包含几个控件，通常只有在打印的页面超过一个时，它们才起作用，如图7-59所示。

单击正方形图标将显示第一个图像；单击箭头可以在页面之间转换，当然也可以从幻灯片中选择要查看的图像。如果页面数量超过一个，工具条会显示出当前页面的页码。

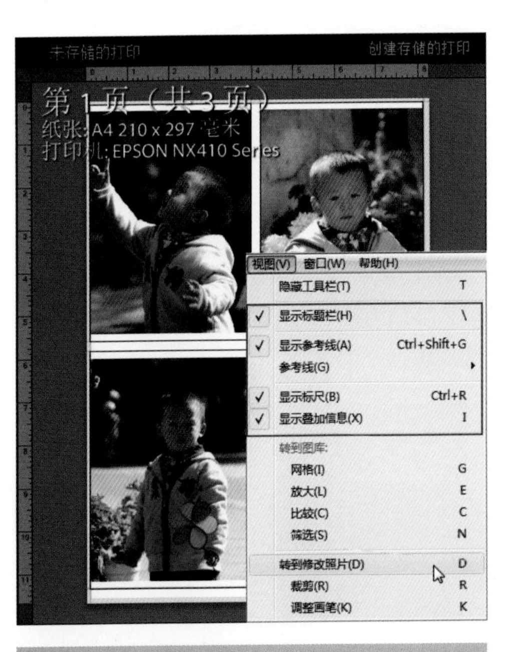

图7-58 打印工作区

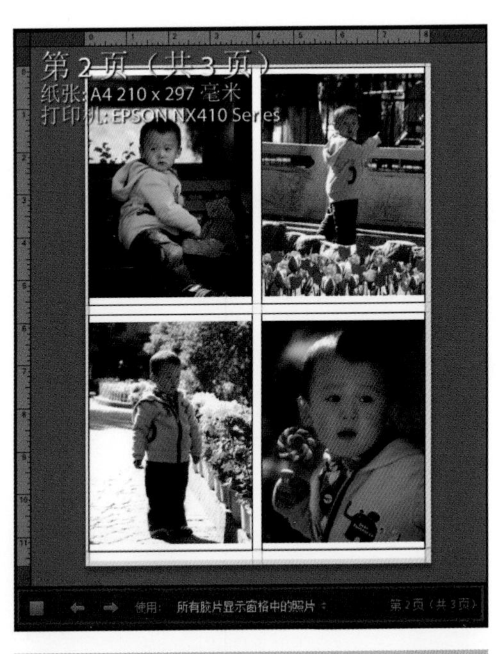

图7-59 工具条

5. “布局样式”面板

Lightroom 4的“打印”模块不同于前面所介绍的其他模块，主要区别在于右侧的参数面板组会根据选择的布局样式的差异自动做出调整。如图7-60所示，当我们在“布局样式”面板中选择“单个图像/照片小样”时的面板名称是一种效果，而当我们选择“图片包”或者“自定图片包”时又是另外一种效果。

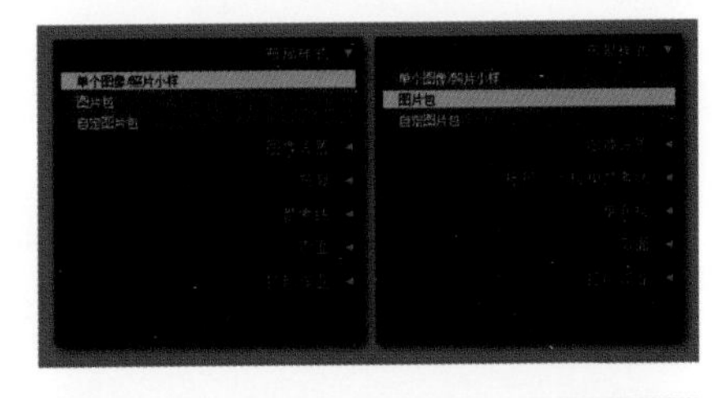

图7-60 “布局样式”面板

出现上述现象的原因在于Lightroom打印任务的多样性，既可以打印普通单幅照片又可以打印多幅照片，如图7-61所示。

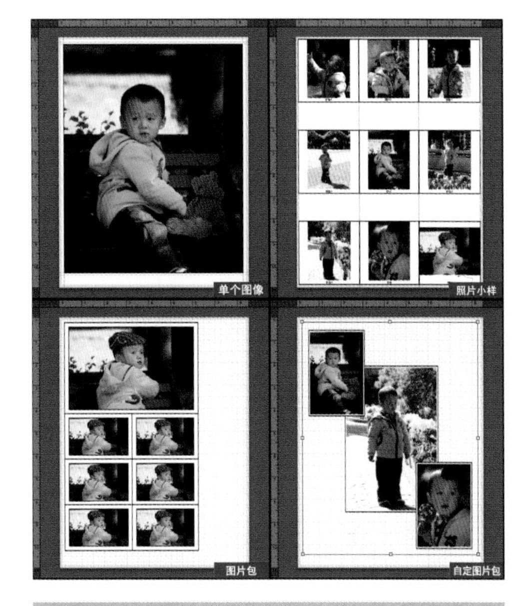

图7-61　不同的布局样式

下面，我们简述一下3种布局样式的差异：

单个图像/ 照片小样： 允许我们以不同配置打印尺寸相同的一张或多张照片。

图片包： 允许我们以多种尺寸打印一张照片。

自定图片包： 允许我们以任何配置打印各种尺寸的多张照片。

综上所述，“布局样式”面板在“打印”模块中是至关重要的，我们在打印以前就应该确定要打印照片的样式和格式，所以应该首先进入这个面板中完成设置。前文所介绍的“模板浏览器”面板中所提供的各种预设，也都是以上述几种布局样式为基准的。

使用Lightroom进行打印设置，可以参考两种方式进行：一种是选择“模版浏览器”中的布局预设，并通过右侧参数面板对预设的布局进行必要的修改；另外一种是直接选择“布局样式”中的选项，然后通过参数面板按部就班地按照自己的想法进行参数的调整。为了详细介绍右侧的参数面板以及打印设置方式，下面我们通过各种不同类型的打印操作分别进行了解。

7.4.2　打印单幅照片

这一节我们通过一个单幅照片的打印任务，来了解一下Lightroom中“打印”模块的基本使用方式。这个任务只是单独的打印照片，其中不包含文本以及多照片、多尺寸的效果，至于更加复杂的打印方式将在后面为读者介绍。

1. 设置页面属性

首先，我们需要在图库中选择一幅需要打印的照片，然后转换到“打印”模块中，当然也可以在“打印”模块下方的“照片显示窗格”中选择照片。在进行打印以前，首先要确保打印页面的尺寸是否符合要求，所以需要单击界面左下方的“页面设置”按钮，对打印纸张以及打印方向进行设置，如图7-62所示。

图7-62　设置页面属性

2. 选择打印模板

下面，我们直接进入到“模板浏览

器”面板中选择一个用于单幅照片打印的预设。模板浏览器中提供了很多可以用于打印一幅照片的预设，本节实例只是为了演示Lightroom中最简单的打印操作，所以我们从模板浏览器中选择“最大尺寸”这个预设，如图7–63所示。同时，模板应用到场景中的效果将出现在打印工作区中。

小技巧：要直接在打印工作区上显示与页面有关的信息，可以执行菜单下“视图”|“显示叠加信息”命令，或者单击键盘的“I”键。要在照片的上方和左侧显示标尺，可以执行“视图”|“显示标尺”，或者单击“Ctrl+R”键。

接下来，我们进入到右侧面板组中看一下与单幅照片打印有关的参数设置。

3. “图像设置”面板

我们首先进入到右侧的“图像设置”面板中，如图7–64所示。

在“图像设置”面板中选中“缩放以填充”以后，无论当前照片比页面大还是小，都自动缩放到满足页面大小的状态。

在图像设置面板中选择“绘制边框”，可以添加简单的彩色边框。边框的宽度由“宽度”滑块控制，颜色由色块控制。如图7–64中的图像添加了10磅的黑色边框。

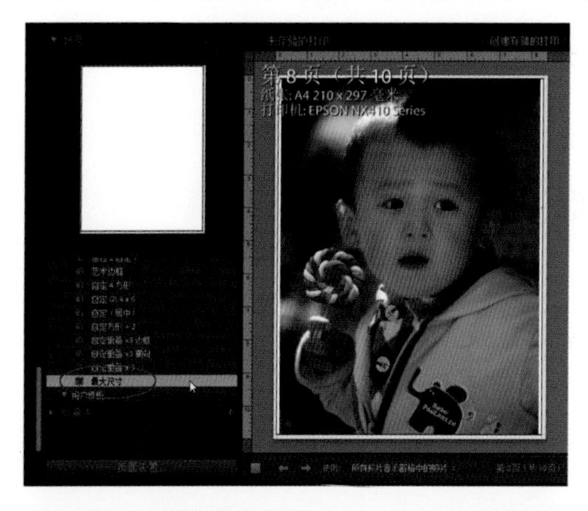

图7–63 选择模版预设

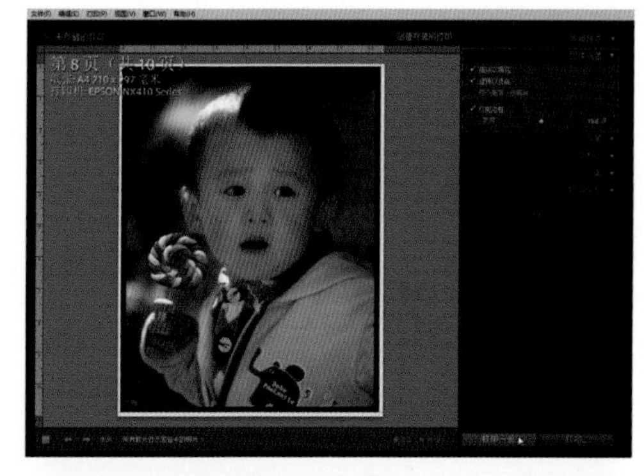

图7–64 “图像设置”面板

4. “布局”面板

当我们在“模板浏览器”面板中选择一个模板以后，图像工作区中的照片会根据模板提供的尺寸自动完成布局。当然，我们也可以手动把图像调整为不同的尺寸，或者移动到不同的位置，这时要使用“布局”面板，如图7–65所示。我们可以直接在该面板上拖曳滑块来改变照片网格的大小，也可以把鼠标放在照片的边缘上进行拖曳，该面板中相对应的滑块会相应地移动。

5. “打印作业”面板

在进行打印之前，通过“打印作业”面板完成最后的设置，如图7–66所示。

在“打印作业”面板中首先有一项“草稿模式打印”，如果将此项勾选，那么下方的选项将变成灰色，不能再进行设置。一般来讲，只有在需要快速打印屏幕分辨率的图像时，才使用这个选项，当然在提高速度的同时，是以降低打印质量为代价的。

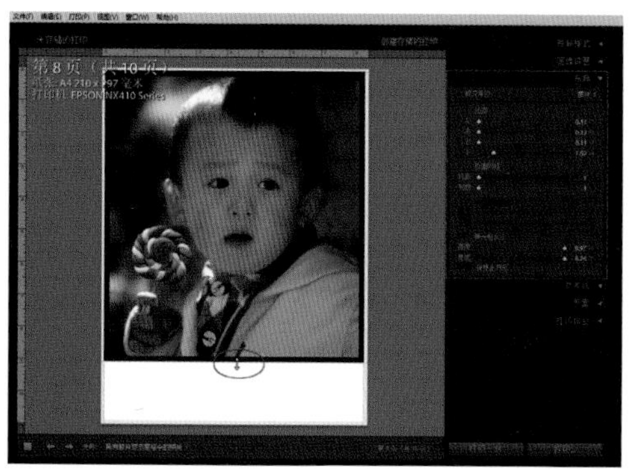

图7-65 “布局”面板

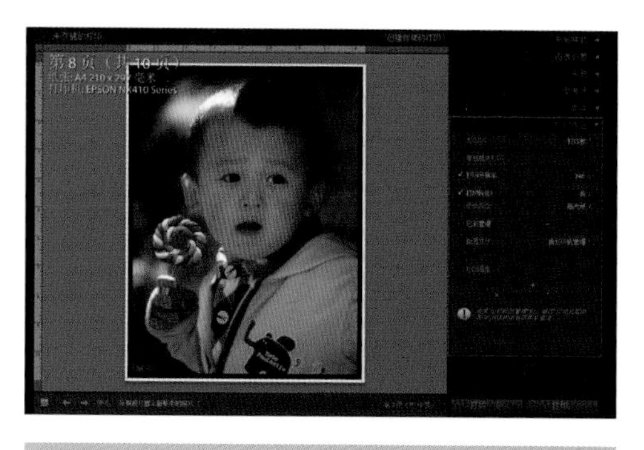

图7-66 “打印作业”面板

在打印作业面板中，选择“打印分辨率”，然后选择一个分辨率。默认的设置是240ppi，它适合于大部分桌面打印机。如果没有选择“打印分辨率”，那么ppi将由图像的原始像素和打印尺寸确定。

“打印锐化”用于设置打印时的锐化程度，分为“低”“标准”和“高”3个级别。确定正确的锐化设置涉及到很多因素。例如打印机类型、纸张类型、墨水类型、图形类型等，最好的做法是多次尝试。

6. **“打印”按钮**

最后，我们需要选择右侧面板底部的“打印一份”或者“打印”按钮用于最终的打印操作，如图7-67所示。

单击“打印一份”用于快速打印当前照片或者一组同样设置的照片；单击“打印”按钮将弹出操作系统的打印对话框，取决于打印驱动程序。可以在这个对话框中选择图像品质、纸张等。

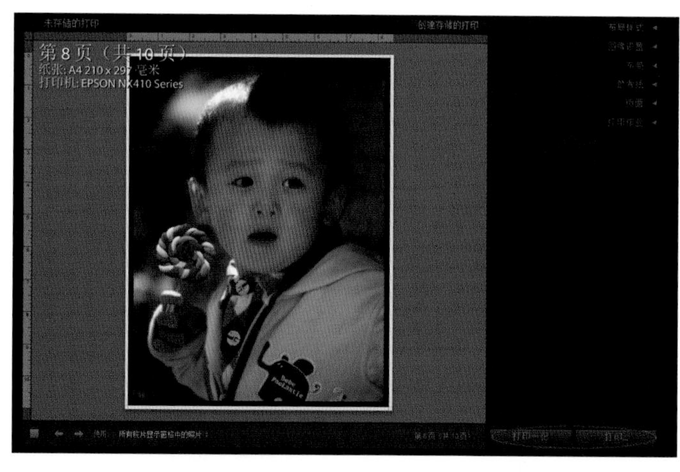

图7-67 “打印”按钮

7.4.3 在页面中添加文本

我们可以在“打印”模块中将文本添加到打印图像中，可以创建自定义文本，或者使用添加到图像文件上的元数据，例如文件名、标题、说明、摄影师和主题词等。

1. “页面”面板的设置

现在假设我们要在一个打印页面中添加文字，这个时候就需要使用到右侧面板组中的“页面”面板了。将右侧的“页面”面板打开，并勾选“身份标识”选项，如图7-68所示，当前的身份标识将出现在显示工作区中的文本框中。

通过单击面板右上角的“0° ”符号，可以改变度数从而影响文本框的方向。选中“指定颜色”，然后单击颜色选择框，可以为文本选择另外一种颜色。利用滑块还可以控制文本（或图形）的不透明度和标尺。选中“在图像后渲染”，可以把整个或者部分自定义文字放在照片的后面。

选中“在每幅图像上渲染”，可以把自定义文字的内容直接放在每个图像的中间，如图7-69所示。使用面板中的“不透明度”和“标尺”滑块可以控制文本内容的不透明度和大小。

图7-68　“页面”面板

图7-69　使用“在每幅图像上渲染”选项

如果没有选择“在每幅图像上渲染”命令，也可以直接在工作区窗口的文本框中进行处理。在文本框内单击，然后把它拖曳到需要的位置，如图7-70所示。文本只占一行，而且只能放大到页面的宽度或长度。

2. 编辑文本内容

要想编辑文本内容，可以双击工作区窗口中的文本框，也可以在“页面”面板中单击“身份标识”区域，从弹出的菜单中选择“编辑”命令。无论使用哪种方法，都将弹出一个“身份标识编辑器”对话框，其中可以输入文本，选择其他的字体和字型，如图7-71所示。

3. 添加页码等信息

在“页面”面板中选择“页面选项”以后，

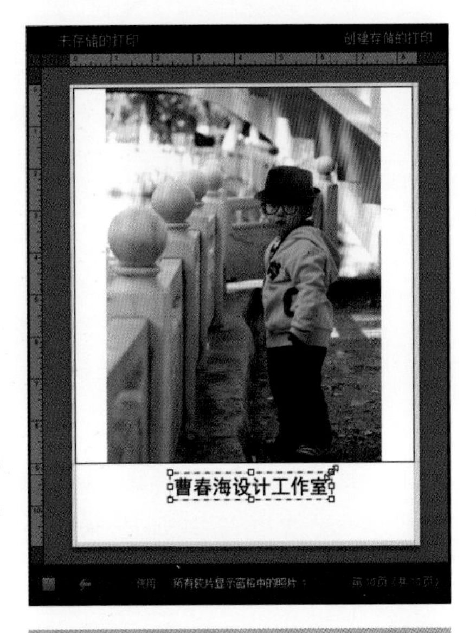

图7-70　输入文本

可以在打印图像上有选择地添加页面、页面信息或者裁切标记，如图7–72所示。

用户可以通过面板下方的“字体大小”一项修改这些附加文字的大小；页面和页面信息都出现在每个页面的底部。单击适当的复选框，可以在每张照片的周围添加页面信息（出现在每个页面底部的打印锐化设置、Profile设置和打印机名称）或裁切标记（作为打印后的切割线）。

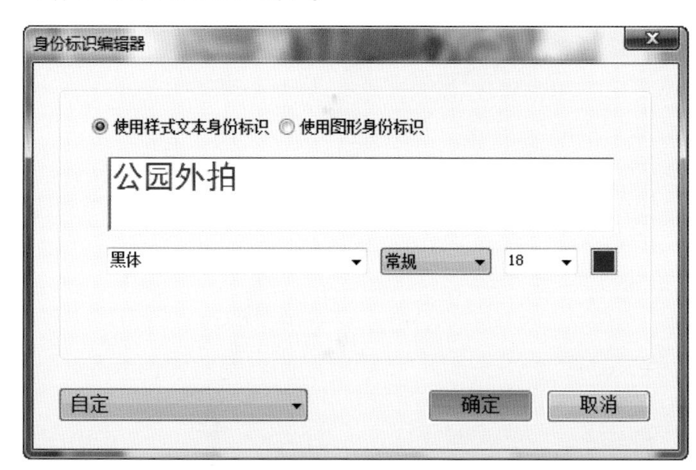

图7-71　编辑文本内容

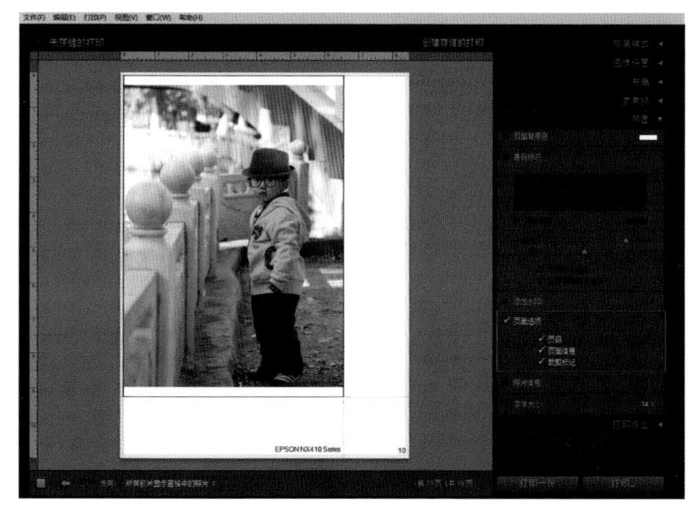

图7-72　添加页码等信息

4. 在照片信息中添加元数据

选中“页面”面板中的“照片信息”以后，并单击右侧的“上下箭头”符号，将弹出一个小的菜单，我们可以把基于可用图像元数据的文本添加到照片上，如图7–73所示。这些文本始终出现在图像的底部，对字号只能做有限的选择，字型或颜色则不能选择。

选择菜单最下方的“编辑”命令，然后在弹出的“文本编辑”对话框中，我们也可以创建自己的自定义文本。

图7-73　在照片中添加元数据

7.4.4　打印照片小样

使用Lightroom中的“打印”模块可以快速打印照片的小样，只需要进行简单的设置就可以完成。

1. 选择模板预设

首先选择一些需要打印小样的照片，并转换到“打印”模块，然后进入到左侧“模板浏览器”面板中，选择一个用于打印小样的预设。在模板浏览器中，所有后面显示为“小样”字样的预设，都可以用于小样的打印。在此，我们使用“4×5照片小样”这个预设，如图7–74所示。单击该预设以后，照片显示窗格中的所有照片都将自动按照该预设的尺寸在工作区中进行排序显示。

2. 选择用于制作小样的照片

在默认状态下，一旦我们在“打印”模块中选择了一种用于制作小样的预设，系统会自动将下方照片显示窗格中的所有照片都用于形成小样。如果我们想对照片有选择性，则需要配合工作区下方的工具条以及照片显示窗格的选择完成任务。

首先进入到下方照片显示窗格中，我们可以按住键盘的“Ctrl”键的同时，随机地选择4幅照片，然后进入到工作区下方单击“使用”后面的“上下箭头”符号，此时将弹出一个菜单，我们在此执行“选定的照片”命令，那么系统将只把我们选择的照片形成小样，如图7–75所示。

小技巧：使用键盘的“Shift”键进行首位连续选择，使用“Ctrl”键进行单击加选，使用“Ctrl+D”键取消选择。

3. 修改页面网格的数量和大小

虽然我们开始选择使用了“4×5照片小样”的预设，但是很多时候它的尺寸和数量未必都满足用于制作小样的需要，所以通常都需要根据照片的数量重新设定网格，这就需要进入到右侧“布局”面板中进行调整，如图7–76所示。

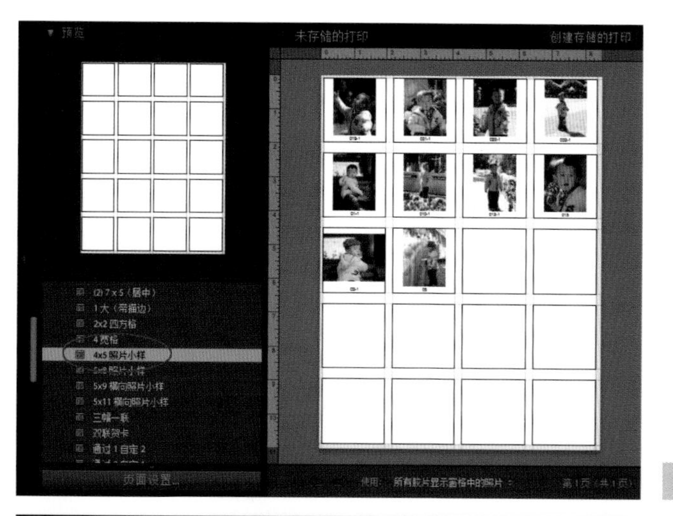

图7-74　选择模版预设

图7-75　选择照片制作小样

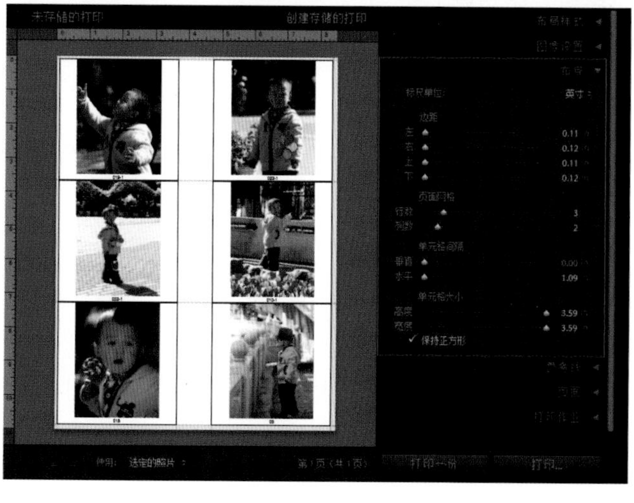

图7-76　修改页码网格的大小和数量

在“布局”面板中，我们可以通过“页面网格”下方的滑块调整水平方向和垂直方向单元格的数量；通过“单元格间隔”调整间距；通过“单元格大小”调整尺寸。

7.4.5 在一个页面上多次打印一幅照片

Lightroom允许我们在一个页面上多次打印同一幅照片，并且可以为该照片指定各种不同的尺寸，这种打印方式被称为“图片包”。

1. 选择模板预设

首先我们在“打印”模块下方的照片显示窗格中选择一幅需要打印图片包的照片，然后进入到左侧“模板浏览器”面板中，选择一个可以打印图片包的预设。在此，我们使用“（1）4×6，（6）2×3”这个预设，如图7–77所示。单击该预设以后，我们在照片显示窗格中选择的照片将以预设所设定的两种尺寸和数量自动呈现在一个页面中。同时在右侧的“布局样式”面板中，将转换到“图片包”的选项。

图7–77　选择模版预设

2. 使用“单元格”面板

当然，在大多数情况下，我们需要打印的尺寸和数量不可能是预设中所提供的情况，此时就需要根据各自的要求，来设置单元格的尺寸和数量了，这个时候我们需要进入到右侧“单元格”面板中进行调整。

打开右侧的“单元格”面板，如图7–78所示。

添加到包：下方提供了几种常用的单元格尺寸，单击每个按钮，将在页面中添加该尺寸的单元格，我们也可以单击按钮右侧的小三角，在其中编辑自己需要的尺寸，并将其存储为预设。

新建页面：用于创建新的页面。

自动布局：系统会根据当前页面中单元格的数量自动安排它们的布置方式。

清除布局：将当前页面中所有的单元格去除，使页面变成空白。

调整选定单元格：当我们在页面中选择一个单元格以后，可以通过该项下方的滑块调整它们的尺寸。

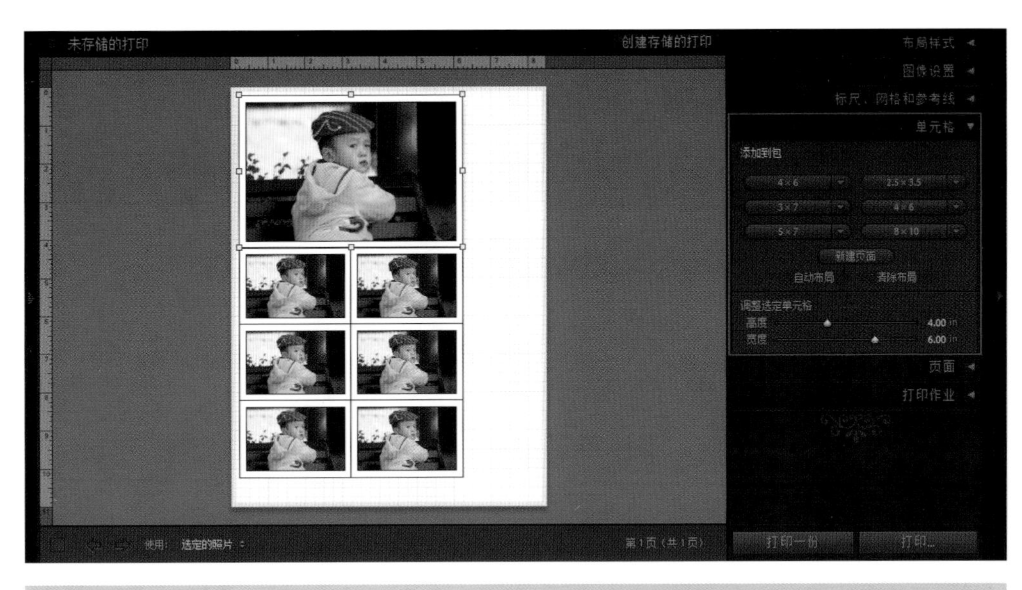

图7-78　使用“单元格”面板

7.4.6　在一个页面上打印多幅照片

Lightroom允许我们在一个页面上打印多幅不同的照片，并且可以为这些照片指定各种不同的尺寸，这种打印方式被称为“自定图片包”。

1. 选择模板预设

首先我们进入到左侧“模板浏览器”面板中，选择一个可以打印自定图片包的预设。在此，我们使用“自定重叠×3边框”这个预设，如图7-79所示。在“模板浏览器”面板中，所有以“自定”开头的预设都是用于“自定图片包”打印使用的预设。单击该预设以后，工作区将出现空白的单元格。同时在右侧的“布局样式”面板中，将转换到“自定图片包”的选项。

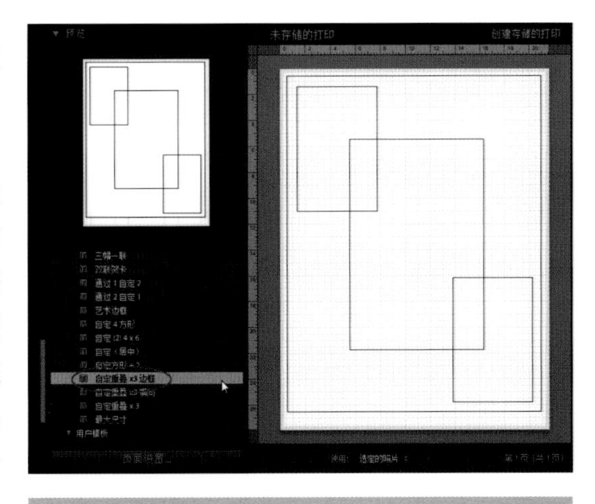

图7-79　选择模版预设

2. 选择照片并排序

当我们使用自定图片包的布局样式时，通过下方照片显示窗格选择的照片将不会出现在工作区。我们需要将照片分别拖曳到工作区页面的单元格内，如图7-80所示。

自定图片包的打印模式通常都是为了使页面上产生艺术效果，所以往往会出现图7-80中所产生的照片重叠现象。如果我们想修改照片的显示顺序，此时应该在工作区中选择该照片，然后单击鼠标右键，在弹出的菜单中通过执行前面4种“发送”命令，来调整它们是隐藏和显示，如图7-81所示。当然，我们也可以在右侧“单元格”面板中，对单元格的尺寸和位置进行自定义的修改。

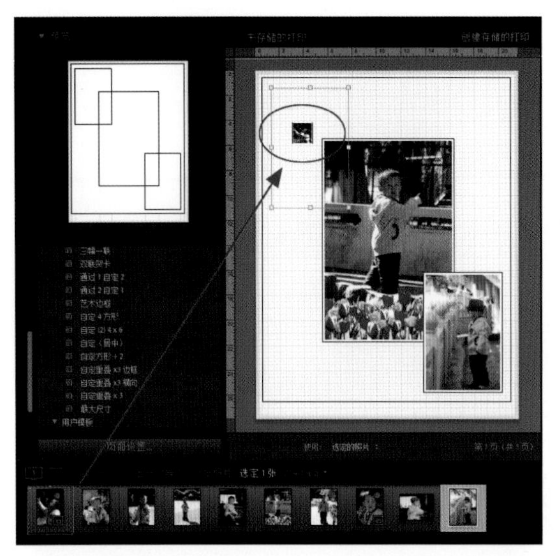

图7-80 将照片拖曳到工作区中

图7-81 调整照片的显示顺序

7.5 Web模块

利用Lightroom的“Web”模块，可以方便快捷地选择一系列照片，然后创建一个独特的Web照片画廊。Lightroom能够生成Web站点需要的所有组件，从照片的缩略图到大幅预览，再到绑定所有组件的必要代码。在“Web”模块中，可以选择标准的HTML风格或者比较华丽的Flash风格，并最终将制作完成的Web画廊直接上传到服务器端。

7.5.1 认识“Web”工作区

我们可以在图库中选择一些用于制作Web画廊的照片，然后单击模块区域中的“Web”一项转换到“Web”模块中。“Web”模块的工作区的组成如图7-82所示，下面，我们简述各个部分的作用。

小技巧：按键盘的“Ctrl+Alt+7”键，可以快速将当前模块转换到“Web”模块中。

1 预览：在位于左侧面板顶部的“预览”面板中，可以观察模板浏览器中选择的画廊预设。

2 模板浏览器：其中包含了Lightroom的一些Web画廊预设，我们也可以在此创建自己的预设。

3 “在浏览器中浏览”按钮：用于制作网页时随时预览最终效果。

4 Web工作区：对画廊进行设置并观察效果的主要区域。

5 **工具条：**用于预览制作形成的页面。

6 **参数面板：**用于设置Web画廊的各种不同的参数，是整个模块最主要的部分。

7 **“导出”和“上载”按钮：**用于将网页保存到硬盘中或者上传到服务器上。

8 **照片显示窗格：**在此选择用于制作画廊的照片。

下面，我们分别针对“Web”模块中一些区别于其他模块的内容介绍一下它们的作用和使用方法。

图7-82 “Web”模块

7.5.2 预览

在“预览”面板中，可以观察模板浏览器中的模板页面布局。把鼠标移动到模板名称上，对应的模板将出现在预览窗口中，如图7-83所示。通过查看预览窗口左下角的图标，可以了解创建的是基于HTML的画廊还是基于Flash的画廊。

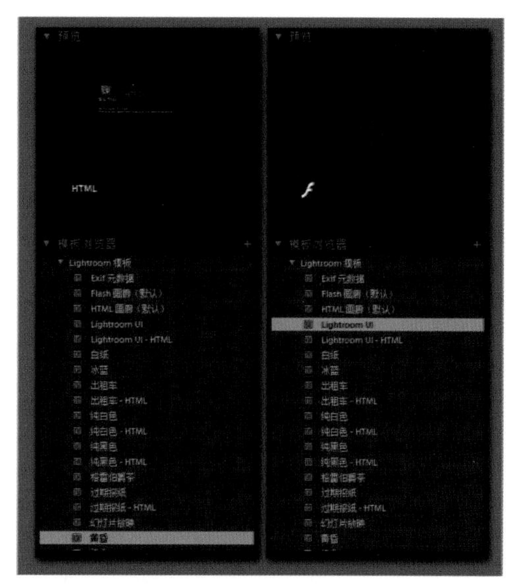

图7-83 预览模版预设

Lightroom中制作的Web画廊分别给予HTML和Flash两种编码形式创建。如果是HTML创建的，那么在所有Web浏览器中都可以浏览；如果是利用Flash创建的，那么需要安装一个适用于Flash的浏览器插件。Lightroom能够生成转换流畅的网页，而且能够根据浏览器窗口的大小，自动调整画廊的大小。

7.5.3 模板浏览器

在“模板浏览器”中，我们可以选

择画廊的风格或者在预览窗口中预览画廊风格，如图7-84所示。选中一个模板以后，Lightroom将立即开始生成这种新的风格，取决于选定的图像和使用的模板风格，这个过程可以需要一些时间。单击面板上方右端的“+”按钮，可以保存自定义的模板，移除自定义模板时，可以选中模板名称，然后单击出现的“-”按钮。

图7-84　使用模版浏览器

7.5.4　画廊工作区

画廊工作区将显示Web画廊的页面，这和它们在浏览器中的显示方式几乎完全相同，如图7-85所示。有些模板的页面可能无法完整显示，此时需要界面四周的小面板，让工作区的面积增加。画廊具有完整的可操作性，可以单击缩略图，激活链接，然后预览效果，另外还可以观看基于Flash代码形成的幻灯片。

当Lightroom生成需要的全部缩略图、大图像和代码时，画廊的操作可能需要一些时间，Lightroom窗口左上角的状态条表示进度，如图7-86所示。单击进度条后面的×，可以随时停止这个过程。

图7-85　画廊工作区

图7-86　查看进度条

7.5.5　参数面板

在右侧参数面板组中，我们可以添加描述性的文本，定制色彩和设置图像尺寸。还可以输出画廊文件，或者把完成的画廊直接上传到服务器上。

接下来，我们对右侧的控制面板组的相关设置和参数进行简要介绍。

1. 布局样式

“布局样式”面板位于右侧面板组的顶部，它显示正在处理的画廊类型。如果选择使用HTML的模板，那么将显示Lightroom HTML画廊；如果选择使用Flash的画廊，那么将显示Lightroom Flash画廊，如图7-87所示。

我们也可以选择该面板上方的其余3种布局方式，但是它们没有模板可以使用，用户只能将其选择，然后在下方面板组中修改参数，以满足制作的需要。

无论选择哪种布局样式，由于解码以及布局元素等差异，所以在下面的面板中看到的参数选项也会截然不同，这一点需要读者注意。

2. 网站信息

在“网站信息”面板中，我们可以添加固定的标题、说明、联系信息和电子邮件地址。字号、字型和位置由模板设置，如图7-88所示。

对于基于HTML和Flash的画廊，它们的网站信息面板完全一样，只不过HTML的“身份标识”选项位于“网站信息”面板中，而Flash的“身份标识”选项位于“外观”面板中。单击文本选项旁边的小三角，将弹出一个包含以前所用文本的菜单。文本的字号和字体都不能改变。

图7-87　“布局样式”面板

图7-88　“网站信息”面板

3. 调色板

在“调色板”面板中，可以设置文本颜色、背景颜色和其他Web组件的颜色，如图7-89所示。单击色卡框，将弹出一个颜色选择器。基于HTML编码和Flash编码的画廊调色板具有不同的选项。Flash画廊往往比较复杂，所以Flash版本中有比较多的选项。

4. 外观

“外观”面板主要用于改变和控制画廊的缩略图以及设置照片的大小和图像品质。由于HTML和Flash两种画廊在“外观”中的差异，我们需要分别进行介绍。

“外观”画廊无法改变HTML的缩略图，但是可以控制索引页面上出现的照片数量。单击网格，可以减少或者增加单元格的数量，如图7-90所示。

如果选择“显示单元格编号”，那么每个单元格都将包含一个连续编号，如图7-91所示，是否能看到这些编号，取决于使用的特定模板或者在“调色板”面板中选择的颜色。

在Flash的“外观”面板中，可以选择是否显示缩略图、如何显示以及它们的大小。单击“布局”右侧的小三角，将弹出一个菜单，在这里可以调整位置，如图7-92所示。如果选择“只显示幻灯片”将完全移除缩略图，使整个画廊以幻灯片模式播放。

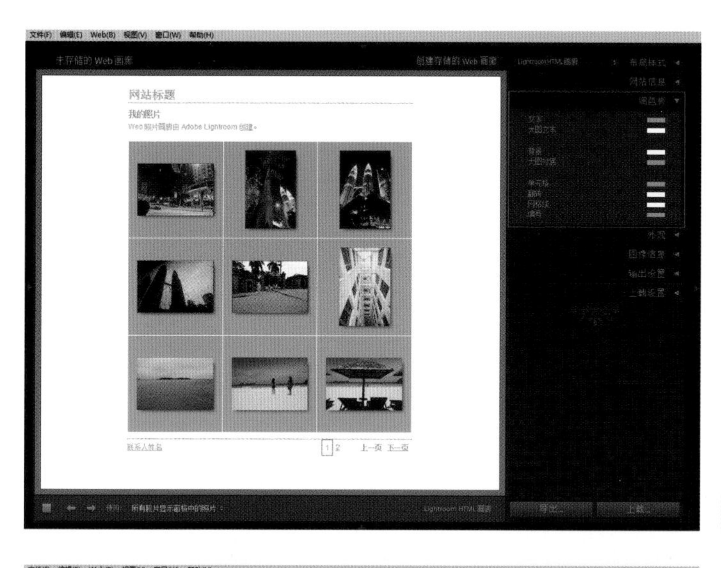

图7-89 “调色板”面板

图7-90 “外观”面板

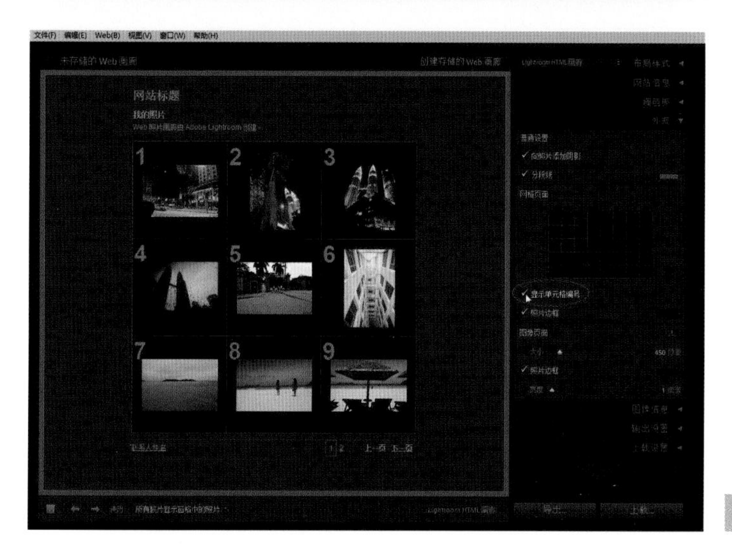

图7-91 显示单元格编号

图7-92　对缩略图的显示方式

在“外观”面板中，还可以控制HTML和Flash大图像（非缩略图）的尺寸，但两者之间存在根本不同。HTML大图像的尺寸由图像页面中的“预览”滑块控制，无论浏览器窗口的尺寸如何，它都将以像素为单位，把图像设置为固定尺寸，如图7-93所示。

Flash大图像可以使用特大、大、中或者小4种形式，如图7-94所示。实际上，Lightroom创建的尺寸要多于此，它将为每个类别生成3种尺寸。这样，在用户调整浏览器窗口大小时，缩略图和预览将相应地改变。

5. 图像信息

HTML和Flash的“图像信息”面板完全一样，我们可以在这个面板中选择基于EXIF元数据的标题和题注，并将它们添加到画廊中的照片中，如图7-95所示。

标题和题注只是名称上的差别，在形式上完全一样。我们可以单击它们右侧对应的小三角，在弹出的菜单中选择要显示在照片中的信息。也可以在弹出的菜单中执行“编辑”命令，为照片创建自定义文本。

6. 输出设置

HTML和Flash的“输出设置”面板基本上一样，如图7-96所示。

“图像品质”滑块控制大图像的JPEG压缩比率。数字越大表示图像品质越高，压缩比越低，文件越大。数字越小表示压缩比越高，图像品质越低，文件越小。

图7-93　控制大图像的尺寸

图7-94　选择大图像的显示方式

图7-95 “图像信息”面板

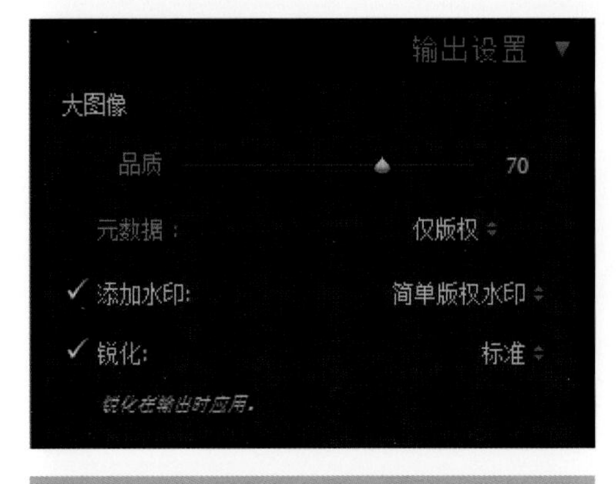

图7-96 “输出设置”面板

利用元数据选项，可以只嵌入版权信息，也可以嵌入与图像有关的全部信息元数据。这个面板中还有一个“添加水印”选项。选中它以后，每个图像的左下角将出现一个基于版权EXIF信息的名称，这个文本的大小和位置不能调整。

7. 上载设置

Lightroom可以把完成的Web画廊直接保存到用户选定的服务器上，需要使用到“上载设置”面板来完成。

首先我们从“自定设置”的弹出菜单中选择“编辑”命令，如图7-97所示。

在出现的“配置FTP文件传输”对话框中，输入适合服务器的用户名和密码，这样Lightroom就会自动上传画廊了，如图7-98所示。

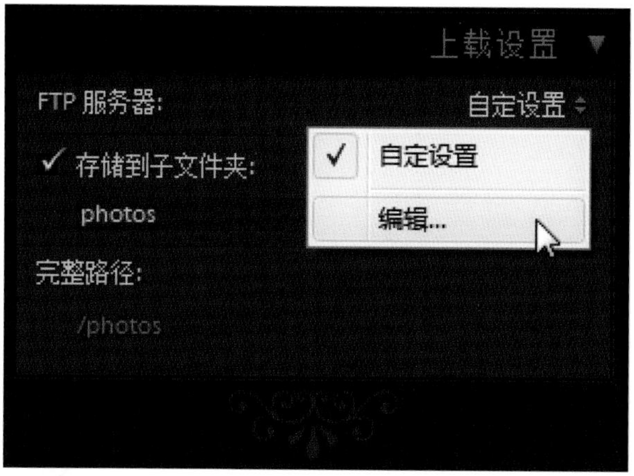

图7-97 “上载设置”面板

图7-98 设置服务器信息

7.5.6 预览、保存与上传

当画廊制作完成以后，可以通过“Web”模块左下方和右下方的3个按钮对画廊进行最终处理，如图7-99所示。

在完成上述设置以后，可以单击界面左侧下方的“在浏览器中预览”按钮，可以在浏览器中查看创建的Web画廊是否满足要求。画廊最后将在默认的Web浏览器中打开，如图7-100所示。

如果结果令人满意，可以在界面左侧的“模板浏览器”面板中将这个设置保存为一个用户模板。

如果要把这个画廊的所有文件保存到硬盘中，则需要单击右侧面板组下方的“导出”按钮。单击“上载”按钮，只要计算机处于联机状态，Lightroom就会将画廊上传到“上载设置”中指定的网站。

图7-99　“预览”“保存”和“上传”按钮

图7-100　预览画廊效果